KB139361

인공지능

A.I. AND GENIUS MACHINES : BEYOND HUMAN originally published in English in 2012

한림SA 05

SCIENTIFIC AMERICAN™

컴퓨터가
인간을 넘어설 수 있을까?

인공지능

사이언티픽 아메리칸 편집부 엮음
김일선 옮김

Beyond Human
A.I. and Genius Machines

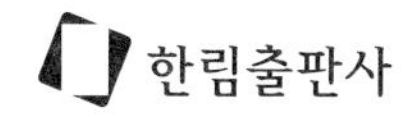

들어가며

컴퓨터 속을 떠다니는 유령

공상과학소설이나 영화에 등장하는 인공지능은 사람과 대화하고, 스스로 생각하고, 때론 인간에게 대항하는 컴퓨터의 모습으로 그려진다. 모르는 게 없는 전지전능한 모습으로 나타나기도 하고, 영화 〈매트릭스(Matrix)〉에서 묘사되듯이 강력하지만 정체 모를 힘을 가진 존재로 등장할 때도 있다. 이런 기계들은 완벽한 논리를 바탕으로 인간과 유사한 이성을 구현할 수도 있다. 영화화되기도 한 아서 클라크(Arthur C. Clarke)의 소설 〈2001 스페이스 오디세이(2001: A Space Odyssey)〉에는 다양한 능력을 가진 컴퓨터 할(HAL)이 나온다. 정보를 숨김없이 완전하게 알리도록 설계된 할은 설계와 다르게 비밀을 지키라고 명령받자 점차 스스로 미쳐간다. 미국의 대표적 TV 드라마 시리즈 〈스타 트렉(Star Trek)〉에 등장하는 인간의 모습을 한 로봇 데이타(Data) 소령은 인간에 더욱 가까워지려고 애쓴다.

오늘날의 컴퓨터는 이러한 공상과학소설이나 영화가 보여주는 수준을 한참 넘어섰는데도 인공지능은 공상과학 작가가 상상했던 수준에 전혀 미치지 못한다. 1960년대에 방영된 〈스타 트렉〉에는 어떤 질문을 받아도 인간의 언어(자연어)로 대답해주는 컴퓨터가 등장한다. 지금은 인터넷과 위키피디아(Wikipedia)가 이런 기능의 일부를 구현한다. IBM사가 만든, 질문에 적합한 대답을 찾아내는 컴퓨터 왓슨(Watson)은 〈제퍼디!(Jeopardy!)〉*의 우승자에게 승리를 거둔다. 과학자의 연구를 도와주는 로봇도 존재한다.

*미국의 TV 퀴즈 쇼.

하지만 컴퓨터가 하기 어려운 일도 많다. 자연어를 '구사'하는 컴퓨터는 여전히 몸체가 크고 비싸다. 특정한 종류의 형태 인식(pattern recognition)은 인간에겐 아주 쉬운 일이지만 이를 컴퓨터에서 구현하기는 여전히 어렵다. 자동번역 기능도 많이 나아졌지만 아직도 사람과 자연스럽게 대화하면서 상대방이 대화 상대자가 컴퓨터라는 것을 눈치 못 채게 할 수준(수학자 앨런 튜링은 1950년 튜링 테스트를 통해 이를 제안했다)의 컴퓨터는 만들지 못했다. 한마디로 인공지능은 아직 갈 길이 멀다.

이 책에는 체스게임에서 양자 컴퓨터(quantum computing)에 이르기까지 인공지능 분야의 다양한 글이 실려 있다. 더욱 성능이 우수한 컴퓨터를 만드는 방법, 의식에 대한 정의, 여러 가지 난제, 제조상의 어려움을 극복한 후에 만들어질 컴퓨터도 예상하고 있다.

인공지능은 "도덕성을 프로그래밍하는 것이 가능한가"처럼 윤리와 관련된 문제도 제기한다. 과연 도덕적 미적분이란 것이 존재할까? 기계로 하여금 무언가 결정을 내리도록 하려면 이런 것이 필요할 수도 있다. 아이작 아시모프(Isaac Assimov)가 소설에서 언급한 로봇 3원칙은 처음 나왔을 때는 대수롭지 않게 여겨졌으나 이제는 그렇지 않다.

인공지능과 컴퓨터를 둘러싼 여러 가지 쟁점은 우리를 매혹한다. 프로그램을 구성하는 논리의 세계는 빈틈없이 정교하지만, 이 프로그램이 부딪히는 현실 세계는 종종 논리적으로 불분명한 곳이다. 지능이 있는 기계를 만들어내려면, 무언가를 만들어내려는 인간의 욕구와 함께 인간은 어떻게 정의되는가를 생각해보아야 한다. 마지막 질문에 대한 답은 점점 더 찾기 어려워질 것이다. 데이타 소령과 할도 이 점에 동의할 것이다.

–제시 엠스팍(Jesse Emspak), 편집자

CONTENTS

1

더 빠르게, 더 똑똑하게, 더 저렴하게

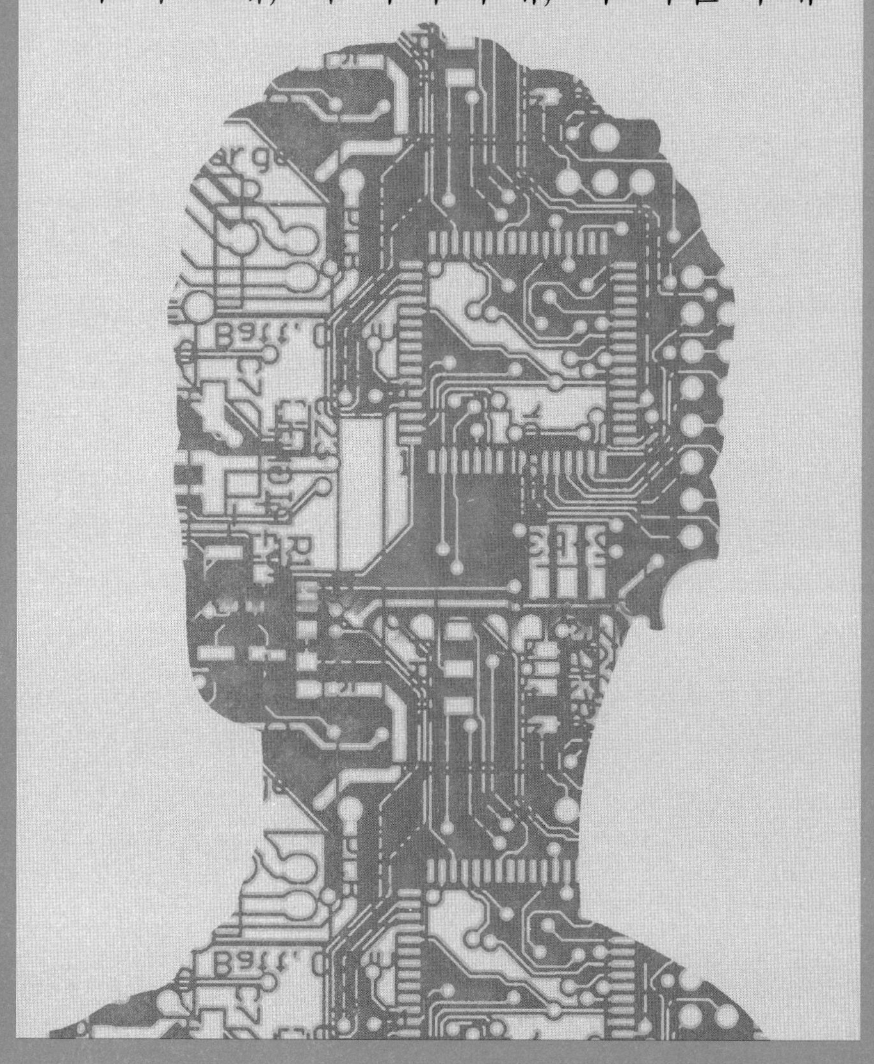

1-1 마이크로 칩의 향후 20년

편집부

반도체 업계의 선구자 중 한 사람이던 고든 무어(Gordon Moore)는 1975년, 반도체 칩의 복잡도가 2년마다 두 배씩 증가하리란 유명한 예측을 내놓았다. 제조 기술의 발달로 트랜지스터 크기가 점점 줄어들 테니 전기 신호는 같은 동작을 하기 위해 더 짧은 경로만 지나도 된다. 전자 업계와 소비자에게 '무어의 법칙(Moore's Law)'으로 알려진 이 법칙에 따르면 컴퓨터는 세월이 갈수록 한없이 작아지고, 빨라지고, 저렴해질 것으로 예측되었다. 반도체 설계와 제조 기술의 지속적 발달 덕분에, 지난 35년간 반도체 칩은 이 법칙에 얼추 들어맞는 형태로 진화해왔다.

하지만 반도체 엔지니어들은 이런 추세가 무한정 계속될 수 없다는 사실을 알고 있었다. 트랜지스터가 계속 작아지다 보면 언젠가는 원자 몇십 개 크기 정도 두께에 이를 것이다. 그런 수준에서는 물리법칙에 의한 한계가 나타난다. 그런데 그 정도 수준에 이르기 훨씬 전에 이미 두 가지 실질적 문제가 발생한다. 그처럼 작은 크기의 트랜지스터가 촘촘히 놓여 있는 반도체 칩의 수율(收率: 생산된 반도체 칩 중 불량품이 아닌 정상품의 비율)을 높이려면 생산 비용이 극단적으로 상승한다. 또한 수많은 트랜지스터가 동작하면서 발생하는 열은 금세 트랜지스터 자체에 영향을 주게 된다.

사실 이런 문제는 이미 몇 년 전에 발생했다. 최근의 PC에 흔히 사용되는

듀얼 코어(dual-core : 프로세서가 두 개 들어 있다는 의미) 칩은 반도체 칩 하나에 수많은 트랜지스터를 새겨 넣었기에, 칩이 과열되지 않도록 만들기가 쉽지 않았다. 컴퓨터 설계 단계에서 여러 개의 칩을 이용해 각각의 칩이 프로그램을 병렬처리하도록 만들지는 않기 때문이다.

무어의 법칙은 언젠가는 벽에 부딪힐 수밖에 없다. 그렇다면 엔지니어들은 어떻게 성능이 좋은 칩을 만들어낼 수 있을까? 우선 새로운 칩 구조를 만들어내는 방법과 소재를 원자 단위로 조작해서 제조하는 방법 등 두 가지 방법을 생각해볼 수 있다. 또 다른 방법은 양자 컴퓨터나 바이오 컴퓨터(biological computing)처럼 완전히 새로운 방식으로 정보를 처리하는 것이다. 아직은 대부분 시제품 수준이지만, 지금까지 그랬던 것처럼 향후 20년간 컴퓨터 제품을 '더 작고, 더 빠르고, 더 저렴하게' 만드는 추세를 이어가게 해줄 관련 분야 기술 현황을 살펴보자.

크기 : 목표를 뛰어넘기

2001년 현재, 상품으로 만들어지는 가장 작은 트랜지스터의 폭은 대략 96개의 실리콘 원자가 늘어선 길이인 32나노미터(10억 분의 32미터)에 불과하다.* 반도체 업계에서는 몇십 년간 리소그래피(lithography)를** 개선해왔으나 이 기술로는 이 폭을 22나노미터 이하로 줄이기가 쉽지 않다는 것을 잘 알고 있었다.

*2016년 현재 14나노미터가 생산되고 있으며, 7나노미터도 개발되었다.

**반도체 웨이퍼 위에 회로를 전사하는 기술.

크기는 작으면서 성능은 좋은 회로를 설계하는 방법 가운데 2층 격자(crossbar) 구조 기법이 있다. 이 방법은 (실리콘밸리의 꽉 막힌 도로에 자동차가 늘어서 있는 것처럼) 트랜지스터를 한 평면에 배치하는 것이 아니라, (고속도로 차선이 2층으로 교차하는 것처럼) 트랜지스터가 놓일 여러 개의 좁은 선 위에 직각으로 선을 교차시켜 배치하는 것이다. 두 선 사이에는 완충 역할을 하는 분자 하나 두께의 층이 있다. 두 선이 교차하는 수많은 점은 각각 1과 0(bit)을 나타내는 스위치처럼 동작할 수 있는데 이를 멤리스터(memristor)라고 부른다. 이 구조를 바탕으로 컴퓨터의 기본 동작을 구현하는 것이다. 기본적으로 한 개의 멤리스터가 트랜지스터 10~15개 정도의 일을 한다.

휴렛팩커드사(Hewlett-Packard) 연구소에서는 반도체 업계에서 기존에 이용하고 있는 소재와 공정을 이용해 폭 30나노미터의 티타늄과 백금선으로 된 2층 격자 시제품을 내놓았다. 연구팀은 선폭(線幅)을 8나노미터까지 줄일 수 있을 것으로 본다. 그 밖에도 여러 곳에서 실리콘, 티타늄, 황화은(黃化銀)을 이용한 2층 격자 구조를 개발 중이다.

열 : 강제 냉각 혹은 공랭

한 개의 칩 안에 많으면 10억 개의 트랜지스터가 들어가면 각각의 트랜지스터가 켜지고 꺼지면서 스위치로 동작할 때 발생하는 열처리가 큰 문제가 된다. PC에는 냉각 팬(fan)을 부착할 공간이 있지만 이것도 칩 하나당 100W 정도의 열 발산에만 대응할 수 있는 방법이므로 다른 방식을 찾아야 한다. 외형이 얇은 맥북 에어(MacBook Air) 노트북 컴퓨터의 몸체는 열전도 특성이 좋은 알루미늄으로 되어 있다. 애플 파워 맥(Apple Power Mac) G5에서는 프로세서 칩 아래쪽에 있는 미세하게 가공된 홈에 냉각수가 흐른다.

액체와 전자회로는 그다지 좋은 조합이 못 되고, 스마트폰처럼 조그만 휴대용 기기에는 액체가 흐르게 만들거나 냉각 팬을 부착할 공간이 없다. 인텔사(Intel)가 주도한 연구팀은 비스무트(Bi)와 텔루르(Te) 화합물을 이용해 아주 얇은 막 형태의 초격자(超格子, superlattice)를 만들어 칩을 둘러싸는 케이스에 넣었다. 이 소재는 열을 가하면 전기를 만들어내는 특성이 있어서 칩 표면의 온도 차이를 전기로 변환하므로 사실상 칩을 식히게 된다.

벤처기업 벤티바사(Ventiva)는 퍼듀대학의 연구를 기반으로, 움직이는 부품 없이 고체 상태에서 바람을 만들어내는 코로나 바람 효과(corona wind effect)를* 이용하는 팬을 만들어냈다. 가정용 무소음 공기청정기도 이 원리를 이용한다. 약간 오목한 전선망에서 아주 작은 수준의 플라즈마(이온화된 기체)가 생성되고, 플라즈마는 전선에서 옆에 있는 판으로 공기 분자의 흐름, 즉 바람을 만들어낸다. 이 바람은 날개 달린 기계식 팬보다 더 많은 바람을 만들어내지만 크기는 훨씬 작다. 아직 부피는 크지만 전기를 전혀 사용하지 않는 스털링(Sterling) 엔진을 이용한 팬도 개발 중이다. 이 팬은 칩의 부위별 온도 차를 동력원으로 이용한다.

*코로나 방전과 정전기가 결합해서 만들어지는 공기 흐름.

1-1

구조 : 멀티 코어

트랜지스터가 작을수록 트랜지스터를 스위치로 사용할 때 더 빠르게 켜고 끌 수 있으므로(각각 1과 0을 나타낸다) 더 고속으로 동작하는 칩을 만들 수 있다. 하지만 클럭(clock) 속도, 즉 칩이 1초에 수행할 수 있는 명령의 수는 3GHz에서 4GHz 수준을 넘지 못하고 있다. 그 이상이 되면 칩의 온도가 한계에 이르러 동작하지 않기 때문이다. 이처럼 속도와 온도의 제약 때문에 성능 향상이 어려워지자, 성능을 높이기 위해서 한 개의 칩 안에 코어(core)라고도 부르는 둘 이상의 프로세서를 넣는 방법을 쓰고 있다. 각각의 코어는 기존 방식대로 동작하지만 두 개의 코어가 병렬로 함께 동작한다. 따라서 같은 시간에 처리할 수 있는 데이터의 양은 늘어나는 반면 열 발생과 전기 소비는 줄어든다. 최신 PC는 인텔사의 i7이나 암드사(AMD)의 Phenom X4처럼 네 개의 코어가 들어 있는 프로세서를 채용하고 있기도 하다.

가장 빠른 슈퍼컴퓨터에는 몇천 개의 코어가 들어 있지만, 불과 몇 개의 코어를 이용하는 PC에서도 이를 효과적으로 이용하려면 데이터 분류와 처리 및 작업 배분에 새로운 프로그래밍 기법이 필요하다. 기본적 병렬 프로그래밍은 80년대와 90년대 슈퍼컴퓨터에서 이미 훌륭하게 구현되었고, 이제는 프로그래머들이 일반 소비자용 프로그램 개발 시 쉽게 쓸 수 있는 컴퓨터 언어와 관련 도구의 개발이 필요해졌다. 일례로 마이크로소프트 리서치(Microsoft Research : 마이크로소프트사의 연구 조직)에서는 F#이라는 프로그래밍 언어를 발표했다. 스웨덴 에릭슨사(Ericcson)가 개발한 얼랑(Erlang)은 클로저

(Clojure)와 스칼라(Scala) 등의 새로운 프로그래밍 언어 개발에 큰 영향을 미쳤다. 일리노이주립대학을 비롯해 여러 곳에서 멀티 코어 칩을 위한 병렬 프로그래밍 기법을 개발 중이다.

이런 접근 방법이 성공한다면 탁상용 및 휴대용 기기의 각 코어에는 지금보다 적은 수의 트랜지스터로도 전체적으로는 훨씬 더 높은 성능을 발휘하는 여러 개의 코어가 들어갈 것이다.

얇은 소재 : 나노튜브와 자가 조립

나노(nano) 기술이 의학, 에너지, 반도체 분야에서 혁명적 결과를 이루어낼 것이라고 전문가들이 예측한 지는 이미 오래되었다. 일부에서는 반도체 업계에서 아주 작은 트랜지스터를 개발하는 데 성공했으므로 이미 나노 기술을 실용화한 셈이라고 주장하기도 한다.

나노 기술이 더욱 발전하면 분자 단위의 구조를 설계할 수 있으리라 기대하는 사람들도 있다. 탄소 나노튜브(carbon nanotube)로 트랜지스터를 만들면 크기가 훨씬 작아진다. 실제로 IBM사에서는 실리콘 대신 나노튜브를 기판(基板)으로 사용해 전통적인 시모스(complementary metal oxide semiconductor, CMOS : 상보성 금속 산화막 반도체) 회로를 만들기도 했다(그림 참조). 지금은 퍼듀대학에 있는, 당시 개발팀이었던 요르그 아펜젤러(Joerg Appenzeller)는 아주 작은 나노튜브를 이용해서 시모스보다 훨씬 작은 새로운 트랜지스터를 연구하는 데 열중하고 있다.

카본 나노튜브 위에 만들어진 링 오실레이터 회로에서는 나노튜브가 회로 구성 요소를 연결한다.

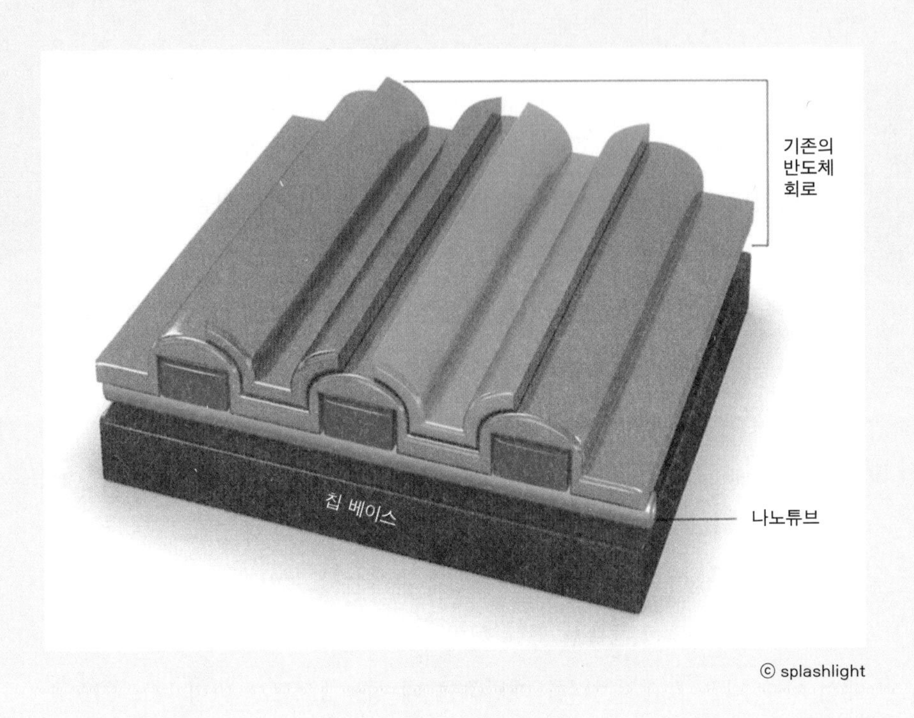

© splashlight

분자나 원자를 조작하는 일은 쉽지 않고, 특히 반도체 칩처럼 대량생산이 목적이라면 더더욱 어렵다. 한 가지 방법은 스스로 조립이 되는 분자를 이용하는 것이다. 이런 분자들은 섞은 뒤에 열이나 빛, 원심력 등을 가하면 일정한 형태로 결합된다.

IBM사는 화학적으로 결합된 폴리머(polymer : 단위체가 반복되어 연결된 고분자)를 이용해서 메모리 반도체 시제품을 만들어내는 데 성공했다. 폴리머가 실리콘 웨이퍼 위에서 가열되면서 회전하면, 분자들이 펼쳐지면서 구멍의 폭이 불과 20나노미터에 불과한 허니컴(honeycomb : 벌집 모양의 육각형 구조)이 만들어진다. 이 패턴을 실리콘 웨이퍼 위에 에칭(etching)하면 똑같은 크기의 메모리 칩이 만들어진다.

더 빠른 트랜지스터 : 초박막 그래핀

트랜지스터의 크기를 줄이는 목적은 전기 신호가 지나는 경로를 짧게 만들어 정보처리 속도를 높이려는 것이다. 그런데 그래핀(graphene)이라는 나노 소재는 구조적 특성 덕분에 속도를 높일 수 있다.

대부분의 칩은 시모스 기술을 이용해서 만드는 FET(field-effect transistor : 전계 효과 트랜지스터)로 이루어져 있다. 트랜지스터를 아주 폭이 좁고 여러 층이 있는 사각형 케이크라고 생각해보자. 맨 위층은 알루미늄(최근에는 폴리실리콘)이고 중간층은 산화물로 된 절연층, 아래층은 반도체 실리콘이다. 새로운 형태의 탄소 분자 그래핀은 육각형 철망이 반복되는 납작한 판인데 두께는 원자 한 개 크기에 불과하다. 연필심으로 이용되는 흑연은 그래핀이 겹겹이 쌓여서 만들어진 구조다. 순수한 결정 상태인 그래핀은 실온에서 전기 전도 속도가 가장 빠른 소재로 FET보다도 훨씬 빠르다. 전하가 격자를 구성하는 원자와 부딪힘으로써 잃게 되는 에너지도 아주 작아서 이로 인한 열 발생도 적다. 과학자들이 그래핀을 별도의 소재로 분리해내는 데 성공한 것이 2004년의 일이었으므로 아직 관련 연구는 초기 단계지만, 연구진은 폭이 영국 맨체스터대학에서 만든 그래핀 트랜지스터의 두께는 원자 한 개의 크기와 같다. 소스와 드레인 사이의 퀀텀 닷(몇 나노미터 크기의 반도체 결정)에서는 한 번에 한 개의 전자만 통과할 수 있으며 이를 이용해 1 또는 0을 표현한다.

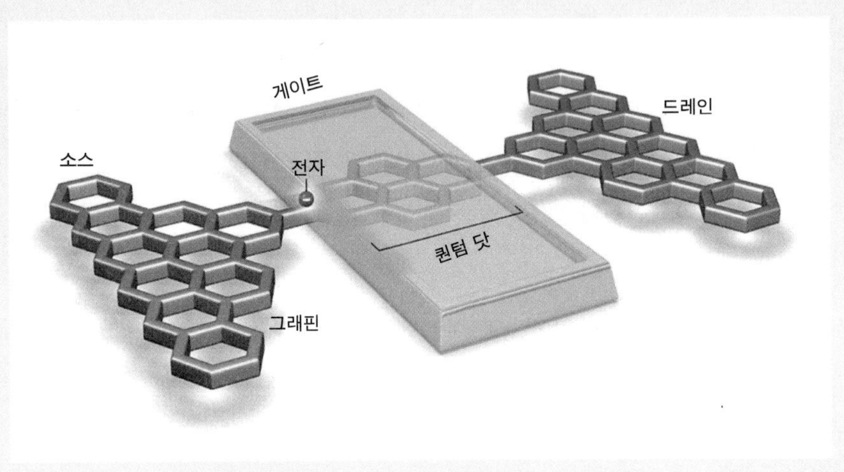

ⓒ splashlight

10나노미터, 높이가 원자 한 개 크기에 불과한 트랜지스터가 만들어질 거라고 확신한다. 그렇게 된다면 다양한 회로가 한 장의 그래핀 판에 만들어지는 것이 가능하다.

광학 컴퓨터 : 빛의 속도

실리콘 칩 대체 기술은 아직 초기 단계여서 상업적으로 활용되려면 적어도 10년은 기다려야 한다. 그러나 무어의 법칙은 그때가 되어도 유효할 것이고, 완전히 새로운 개념에 기반한 컴퓨터 개발이 순조롭게 진행되고 있다.

광학 칩 내부에 제어 가능한 광원이 있으면 빠른 연산 속도를 구현할 수 있다. 인산화 인듐 층에 있는 전자와 정공이 중심부에서 재결합해서 유리막 위의 실리콘 광 통로를 따라 흐르는 빛이 된다.

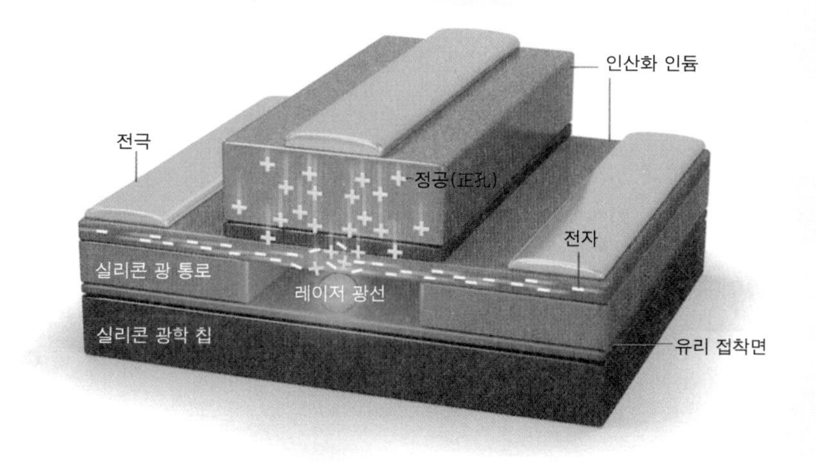

ⓒ splashlight

광학 컴퓨터에서는 전자(電子)가 아니라 광자(光子)가 정보를 실어 나르고, 광자는 빛의 속도로 이동하기 때문에 전자보다 훨씬 빠르다. 그러나 빛은 전기보다 훨씬 다루기 어렵다. 통신망에 광섬유와 함께 사용되는 광학 스위치 기술의 발달도 광학 컴퓨터에 큰 기여를 하고 있다. 역설적이지만 최첨단 광학 스위치는 멀티 코어 칩에서 코어들을 연결하는 용도로 개발되었다. 병렬로 동작하는 여러 개의 코어들 사이에서는 엄청난 양의 데이터가 오가야 하는데, 이때 코어를 연결하는 전선에 병목현상이 일어날 수 있다. 광학적으로 코어들을 연결하면 이런 문제가 개선된다. 휴렛팩커드사 연구원들은 기존 방식보다 몇백 배 빠른 데이터 전송 기술을 검토 중이다.

메모리 칩이나 DVD 드라이브 같은 컴퓨터 내부의 부품과 프로세서를 연결하는 구리선으로 된 광학선 대체 기술을 개발 중인 연구원들도 있다. 인텔사와 캘리포니아주립대학 샌타바버라 캠퍼스 연구진은 인산화 인듐(indium phosphate)과 실리콘을 원료로 통상적인 반도체 제조 공정을 이용해 광학 '데이터 전송선'을 만들어냈다. 그러나 완벽한 광학 컴퓨터 칩이 개발되려면 더욱 근본적인 혁신이 일어나야 한다.

분자 컴퓨터 : 유기물 회로

분자 컴퓨터는 트랜지스터가 아닌 분자를 이용해서 1과 0을 표현한다. 이때 이용되는 분자가 DNA처럼 생물학적인 것이면 바이오 컴퓨터라고 부른다. 엔지니어들은 이 둘을 분명하게 구분하기 위해서 생물학적 분자를 이용하지 않는 경우에는 분자 논리(molecular logic), 혹은 분자-전자공학의 합성어인 몰렉트로닉스(molectronics)라는 어휘를 사용한다.

트랜지스터에는 소스(source), 게이트(gate), 드레인(drain)이라는 3개의 단자가 달려 있다(알파벳 Y를 생각하면 된다). 게이트에 전압을 가하면 전자가 소스와 드레인 사이에서 흐르면서 1 또는 0을 나타내는 상태가 된다.* 나뭇가지처럼 생긴 분자는 이론적으로 이와 유사한 방식으로 신호가 전달되게 할 수 있다. 10년

*트랜지스터를 이런 방식으로만 작동시킬 수 있는 것은 아니다. 하지만 디지털 회로에서는 트랜지스터를 이처럼 켜고 끄는 스위치로 동작시켜 1 또는 0의 상태로만 이용한다.

전 예일대학과 라이스대학의 연구진은 벤젠을 이용해 분자 스위치를 만들어 냈다.

분자는 크기가 작기 때문에 회로로 만들 수만 있다면 실리콘을 사용한 것보다 훨씬 작게 만들 수 있다. 하지만 분자를 이용해서 만드는 복잡한 회로의 제조 방법을 찾아야 한다는 것이 문제가 된다. 연구진은 자기 조립(self-assembly)을 그 해결책으로 본다. 2009년 10월, 펜실베이니아주립대학 연구팀은 자기 조립을 일으키는 화학반응을 이용하는 것만으로 아연과 황화카드뮴 결정을 금속-반도체 초격자 회로로 변환시키는 데 성공했다.

양자 컴퓨터 : 중첩되는 0과 1

회로의 구성 요소가 개별적인 원자, 전자, 광자라면 그보다 더 작은 구조는 있을 수 없다. 이처럼 작은 크기의 세계에서는 원자의 움직임을 설명하는 양자역학이 구성 요소 간의 상호작용을 규정한다. 양자 컴퓨터는 상상할 수 없을 만큼 밀도가 높고 속도가 빠를 것이다. 하지만 실제로 이를 제조하고 양자역학적 현상을 제어하는 일은 굉장히 어렵다.

원자와 전자는 여러 가지 상태로 존재할 수 있고, 각각의 상태를 양자 비트(quantum bit) 혹은 큐비트(qubit)라고 부른다. 큐비트 조작 방법에 대해서는 몇 가지 연구가 진행 중이다. 스핀트로닉스(spintronics)라 불리는 방법은 자기 모멘트의 자전 방향이 두 가지인 전자의 특성을 이용한다. 자전 방향이 오른쪽 아니면 왼쪽인 공(각각 1과 0을 의미)을 생각하면 된다. 양자역학에서는 한 전자의 자전 방향이 동시에 두 방향 모두일 수가 있고, 이 상태에서는 0과 1이 중첩된 상태가 된다. 중첩 상태(superposition state)의 전자 여러 개를 이용하면 단지 0과 1만을 표현할 수 있는 실리콘 트랜지스터에 비해 지수적으로 많은 양의 정보를 표현할 수 있다. 캘리포니아주립대학 샌타바버라의 과학자들은 다이아몬드에 홈을 새겨 가둔 전자를 이용해서 이미 여러 가지 논리 게이트(logic gate)를 구현한 바 있다.

메릴랜드주립대학과 미국표준기술연구소(National Institute of Standards and Technology) 연구팀은 레이저를 이용해 대전(帶電)된 판에 매달린 이온 줄에서 이온의 자기 방향(각 이온의 큐비트)을 바꾸는 방법을 연구 중이다. 또 이온이 방출하는 광자의 회전 방향을 알아내는 방법도 있다.

양자역학적 구성 요소들에는 중첩 외에도 '얽힘(entanglement)'이라는 성질이 있어서 정보가 여러 개의 큐비트로 표현되어 더욱 강력하고 다양한 처리와 전송이 가능해진다.

바이오 컴퓨터 : 살아 있는 칩

바이오 컴퓨터는 트랜지스터를 살아 있는 생명체의 구성 요소로 대치하는 것이다. 가장 관심을 끌 만한 대상은 생명체의 세포에 문자 그대로 '프로그램'을 저장하고 있는 DNA와 RNA다. 놀라운 것은 손톱만 한 칩에 10억 개의 트랜지스터가 들어가는 반면, 같은 크기의 바이오 칩에는 1조 개의 DNA 가닥이 들어갈 수 있다는 점이다. 가닥마다 하나의 태스크(task : 운영체제가 자원을 할당하여 처리하는 단위 작업)가 할당되어 수행되고, 전체 결과는 각 가닥에서 얻은 결과를 모아서 만들어낸다. 구성 요소의 수가 압도적으로 많은 바이오 칩은 대규모 병렬처리에 적합한 방식이다.

초기의 바이오 회로는 가닥들을 연결하거나 끊는 방식으로 정보를 처리했다. 최근에는 세포 내부에 살아 있으면서 복제도 하는 '지네틱(genetic) 컴퓨터 프로그램'을 개발 중인데 생물학적 요소들을 원하는 대로 프로그래밍할 방법을 찾는 것은 해결해야 할 과제다. 이런 컴퓨터는 책상 위보다는 혈관 속에 자리 잡을 가능성이 더 높다. 이스라엘 레호보트에 있는 바이츠만과학연구소(Weizmann Institute of Science) 연구진은 DNA를 이용한 단순한 프로세서를 만들어냈는데, 이 프로세서가 살아 있는 세포 내부에서 동작하면서 세포 주변 환경과도 통신하게 만들려고 노력 중이다.

1-2 초고성능 컴퓨터 제작법

토머스 스털링

현재의 가장 빠른 슈퍼컴퓨터도 미래에 과학용으로 쓰기에는 속도가 턱없이 부족하다. 통신과 정보처리 분야에서 혁신이 지속되어왔으나 미래의 의료·복지·안전과 인류 번영에 핵심이 될 컴퓨터 기술을 확보하는 건 지금의 가장 빠른 컴퓨터로도 어려운 일이다. 기후학·의학·바이오과학·융합 기술·국방·나노 기술·첨단공학·상거래 등의 핵심 분야에서 결정적 진보가 가능하려면 오늘날의 가장 거대한 슈퍼컴퓨터보다 적어도 1,000배는 빠른 컴퓨터가 개발되어야 한다.

이처럼 복잡한 문제를 해결하려면 정교한 모형을 오랜 시간 높은 정확도와 신뢰도로 모의실험할 수 있는 기술을 개발해야 한다. 이런 능력은 연산 속도가 몇 테라플롭스(teraflops)나* 되는 오늘날 슈퍼컴퓨터의 성능을 훌쩍 뛰어넘는 수준이다. 일례로, 오랜 세월 연구 대상이었던 단백질 접힘(protein-folding) 연산을 해내려면 현존하는 컴퓨터 중 가장 대형인 슈퍼컴퓨터로도 100년이 걸린다. 이 같은 분석 작업에는 적어도 몇 페타플롭스(petaflops)** 정도의 성능을 가진 컴퓨터가 필요하다. 즉 부동소수점 연산을 적어도 1초에 1,000조 번 이상 수행해야 한다는 뜻이다.

*1초당 1조 번의 부동 소수점 연산(floating-point operations) 속도.

**1초당 1,000조 플롭스.

최신 컴퓨터는 속도가 충분치 못한 데다 가격까지 비싸다. 미국이 비축한

핵 물질 관리에 쓰이는 최대 성능 3테라플롭스의 ASCI(Accelerated Strategic Computer Initiative) 블루 시스템의 가격은 대당 1억 2,000만 달러에 이른다. 이 가격을 성능으로 환산해보면 최대 성능 1메가플롭스당* 40달러인데, 이 정도면 고급 개인용 컴퓨터에 비해 열 배나 비싼 수준이다. 이런 컴퓨터는 부대 비용도 커서 연간 전기 사용료만 해도 100만 달러를 훌쩍 넘는다. 엄청난 크기 때문에 설치 공간에 드는 비용도 무시할 수 없다. 이처럼 특수한 컴퓨터에 필요한 복잡한 프로그램의 제작 비용도 고려해야 한다.

*1초당 100만 플롭스.

고성능 컴퓨터는 성능이 뛰어난데도 적절한 활용이 쉽지 않아서 전체적 효용성은 매우 낮은 수준이다. 효율이 25퍼센트에 불과한 경우는 어렵지 않게 찾아볼 수 있고, 용도에 따라서는 효율이 1퍼센트 아래를 맴도는 경우도 있다.

멀티스레드 하이브리드 기술(hybrid technology multithreaded, 이하 HTMT) 컴퓨터의 성능은 현재 최고 수준 컴퓨터의 100배나 되지만 가격, 전력 소모, 크기 면에서는 현재의 컴퓨터와 거의 비슷한 수치를 보여준다. 지속적 개발로 컴퓨터의 성능은 현재 최고의 컴퓨터보다 천 배 이상 빠른 페타플롭스 수준 이상 향상될 것이다. 이를 위해 정보처리, 메모리, 통신 기술에 관련된 다양한 기관과 분야에서 연구팀을 꾸렸으며, 협조와 보완을 통해 새로운 기술을 개발할 예정이다. HTMT는 기본적으로 미국항공우주국(이하 NASA), 미국국가안전보장국(NSA), 미국국립과학재단(National Science Foundation, NSF), 미국방위

1-2

고등연구계획국(이하 DARPA)의 재정 지원을 받아서 추진되었고 실제 활동은 정부의 추가 재정 지원을 받은 이후 진행될 것이다.

역설적으로 컴퓨터 기술의 성공적인 진보 때문에 컴퓨터 기술의 한계가 드러났다. 1970년대의 개인용 컴퓨터가 할 수 있는 일은 퐁(Pong)* 게임 정도에 불과했다. 당시 과학 연구에 쓰일 수 있는 몇십 메가플롭스 성능의 컴퓨터 가격은 4,000만 달러가 넘었다. 2002년 현재, 가격이 2,000달러 미만인 PC의 성능도 그보다 뛰어나다.

*흑백 화면에서 두 사람이 탁구처럼 공을 주고받는 게임.

역사적으로 슈퍼컴퓨터 업계는 용도에 맞도록 최신 기술과 구조를 조합해서 컴퓨터의 처리 성능 향상을 이끌어냈다. 물론 비싼 가격이라는 대가를 치러야 했다. 엄청난 가격, 긴 개발 기간 때문에 슈퍼컴퓨터 업계는 여타 컴퓨터 관련 분야의 시장이 급속히 성장하는 시기에도 거의 성장하지 못했다. 높은 가격은 슈퍼컴퓨터 시장과 관련 기술 투자에 장애로 작용했고, 슈퍼컴퓨터는 점차 시장에서 밀려나고 말았다.

그리하여 새로운 접근 방법을 시도했으나 여전히 비용은 높았고 응용 분야별 운영 효율도 그리 높지 못했다. 벡터(vector) 컴퓨터 구조(파이프라인 메모리와 수치 연산 유닛을 이용해서 동작 효율을 높인)와 마이크로프로세서를 여러 개 연결해서 사용하는 대규모 병렬처리 기법이 여기에 포함된다. 최근 2~3년간 여러 곳에서 최고 속도가 테라플롭스를 뛰어넘는 범용 병렬 컴퓨터를 개발했다. 하지만 여전히 효율은 낮아서, 실제로 활용할 때는 일부 성능밖에 쓰이지 않는다. 그 결과 표준화된 컴퓨터가 네트워크 형태로 연결된 원자재 분야만이 실질적인 경제적 의미가 있는 응용 분야로 인정받게 되었다. 프로그램 개발 비용은 높고 병렬처리 구조는 태생적으로 통신 지연 문제를 안고 있으나 이 분야에서는 새로운 프로그램 개발의 필요성이 적기 때문이다.

성능이 페타플롭스 수준인 완전히 새로운 개념의 컴퓨터 개발은 이미 1990년대 중반에 시작되었다. 속도를 높이기 위해서 모든 면에서 철저한 분석과 다양한 기술적 접근이 이루어졌다. 연구 개발비가 충분히 지원된다면 향후 10년 안에 개발이 완료될 것이다.* 각각의 접근 방법에는 저마다 강점과 약점이 있지만, HTMT 방식이 가장 일반적이다.

*2016년 현재 개발이 완료되었다.

HTMT 방식은 다양한 최신 기술을 하나의 유연하고 최적화된 시스템으로 엮어낸다. 초고속 프로세서, 대용량 통신 기능, 고밀도 메모리, 그 밖에 머지않아 실용화될 기술을 동적이고 적응성이 높은 구조에 담음으로써 페타플롭스 수준의 성능을 이끌어내는 것이다.

어떤 식으로 개발이 이루어지건, 페타플롭스 수준의 컴퓨터를 만들려고 할 때 세 가지 장벽에 부딪힌다. 첫째는 크기, 비용, 전력 소모가 제한된 상태에서 충분한 성능의 프로세서, 메모리, 통신 용량을 확보하는 일이다. 둘째는 실제 운용 시 이런 성능에 현실적 의미가 있어야 한다는 점이다. 시스템 내부에서의 시간 지연, 공용 메모리나 통신 채널 등 공유 자원 이용에 관한 분쟁, 여러 작업을 수행할 때 발생하는 오버헤드(overhead)에* 관련된 자원 감소, 병렬처리나 작업 배분을 효과적으로 하지 못해서 일어나는 자원의 낭비 등을 극복하지 못하면 초고성능의 의미가 퇴색된다. 세 번째는, 아주 객관적 지표는 아니지만 중요한 것으로 시스템의 사용성, 프로그래밍의 용이성과 이용 가능성이다.

*컴퓨터가 어떤 명령을 처리할 때 간접적으로 수반되는 동작, 메모리 사용, 동작시간처럼 불가피하면서 추가적으로 필요한 컴퓨터 자원.

초전도체 프로세서

지난 10년간, 디지털 회로는 시모스 프로세서를 이용해서 만들어졌다. 시모스 기술은 회로의 밀도가 지수적으로 증가하는 중에도 전력 소모는 낮게, 성능은 높게 해주었다. 그러나 현재 가장 빠른 디지털 회로용 소자는 시모스와는 전혀 다른 기술을 이용한다. 바로 초전도(超傳導) 회로다.

특정 물질이 냉각된 상태나 극저온에서 전기 흐름에 아무런 저항을 일으키지 않는 초전도 현상은 20세기 초반에 발견되었다. 초전도체 전선으로 고리(loop)를 만들면 이론적으로는 전류의 흐름이 영원히 지속된다. 더 중요한 것은, 초전도체는 전자회로 부품이나 회로 등 일상적 크기일 때도 양자역학적 특성을 보여준다는 사실이다. 1960년대 초반의 연구자들은 조셉슨 접합(Josephson junction)이라는 초전도성에 기반한 기술을 이용해 속도가 매우 빠른 비선형 스위칭 소자를 만들어낸 바 있다.

HTMT 초고성능 컴퓨터는 조셉슨 접합 기술에 기반한 고속 초전도체 로직 프로세서를 이용한다. RSFQ(rapid single-flux quantum : 고속 단일 자속 양자) 기술을 이용하면, 초전도체 고리에 정보를 아주 작은 자속 양자(磁束 量子) 형태로(불연속적인 값으로) 저장할 수 있다. 초전도 양자간섭소자(superconducting quantum interference devices, SQUID)라고 불리는 이 단순한 구조의 고리는 처음엔 마치 솔레노이드(solenoid : 원통 코일)처럼 두 개의 조셉슨 접합부를 인덕터로 연결하여 센서로 개발되었다. 고리에 전류를 가하면 두 조셉슨 접합부가 동작하면서 전류의 흐름이 무한히 지속된다. 특이하게도 SQUID는 전류가 전혀 없거나, 기본 전류만 갖고 있거나, 기본 전류의 정수 배의 전류가 흐르는, 확연하게 구분되는 세 가지 상태만이 있다. 양자역학적 효과로 인해 이러한 현상이 나타난다. RSFQ 논리 게이트는 전압이 아니라 전류(혹은 자속)를 이용해서 디지털 회로에서 필요한 0과 1을 표현한다. 온도를 4K까지* 낮추면 이 논리 게이트(단일 게이트)는 770GHz가 넘는 속도로도 동작하는데, 이는 여태껏 시모스 기술을 이용해 만든 논리 게이트보다 대략 100배는 빠른 수준이다.

*K(Kelvin)는 절대온도의 단위. 절대온도 0도는 -273.15℃.

RSFQ 기술을 활용한 하이브리드 컴퓨터는 일반적인 시모스 프로세서의 몇 기가플롭스(gigaflops)와는** 현격히 다른 100~200기가플롭스 수준의 성능을 보여줄 것으로 생각된다. 또한 RSFQ의 양자화된 극소 자속은 크로스토크(crosstalk)와*** 전력 소모를 몇백 혹은 몇천 분의 1 이하로 줄일 것이다. 이 기술은

**1초 동안에 10억 번의 부동 소수점 연산 속도.

***통신 회선의 전기 신호가 다른 통신 회선과 전자기(電磁氣)적으로 결합해 악영향을 미치는 현상.

빠르게 발전하고 있으며 병렬 컴퓨터로서는 극복이 힘든 비용, 전력 소모, 크기 문제에서 훨씬 자유롭다.

효율 높이기

초고속 프로세서가 만들어지면 HTMT 기술에 적용될 것이고 이때 프로세서는 대부분의 시긴을 연신 수행에 투입할 것이다. 원자재 분야 등 통상적 응용 분야에서는 대규모 작업에 대규모로 연결된 컴퓨터가 동원된다. 이때 일부 컴퓨터는 다른 컴퓨터의 작업 완료나 요청 사항 수신을 기다려야 하는 경우가 종종 발생한다. 전체적으로 작업량의 균형을 맞추지 않으면 다른 컴퓨터가 작업 완료 후 대기 상태일 때도 쉬지 않고 작동해야 하는 컴퓨터가 나온다. 작업 배분의 균형을 맞추는 소프트웨어 기술을 이용한다고 해도 이때 필요한 연산량 자체가 전체 시스템의 효율을 떨어뜨릴 수 있다.

여느 컴퓨터와는 달리 HTMT의 구조는 연산과 메모리 기능의 관계를 혁명적으로 바꾸어놓았다. 통상적인 다중 프로세서 시스템에서는 연산 기능을 수행하는 프로세서가 메모리를 관리하고 조작한다. 반면 HTMT에서는 '스마트' 메모리 시스템이 프로세서를 관리하며, HTMT를 비롯해서 강결합된(tightly coupled) 병렬 컴퓨터들이 처리 중인 작업을 지속적으로 배분한다. 이 과정에서 프로세서는 내부의 레지스터와 고속 버퍼 메모리를 이용하므로 나머지 프로세서와 동떨어져 혼자 작동할 가능성이 낮아진다. 결과적으로 지연(latency) 문제가 감소한다. 프로세서는 연산 시간은 잡아먹고 오버헤드만 늘리는 메모리 관리 작업에 시간을 쓸 필요가 없다. 메모리에 들어 있는 저가 프로세서가 이런 작업을 대신해주기 때문이다.

HTMT는 지연 문제를 두 가지 방식으로 다룬다. 첫째, HTMT로 하여금 한 명령어 열(列)에서 다른 명령어 열로 한 클럭 사이클(clock cycle)* 만에 이동하게 해주는 멀티스레드 구조에 기반한 동적(dynamic), 적응형(adaptive) 자원 관리 방식을 사용한다. 일반적인 컴퓨터가 하나의 명령어 열에 들어 있는 명령어를 순차적으로 수행하는 데 반해, HTMT는 명령어 열을 여럿 사용한다. 이렇게 되면 프로세서들끼리의 통신을 통해 개별 프로세서는 한꺼번에 여러 요청에 대응할 수 있다. 초전도 프로세서가 캐쉬(cache)나** 고속 버퍼에서 정보를 가져올 때 클럭의 주기가 10피코초(picosecond)이고*** 작업 수행에 여러 주기가 걸린다고 해보자. 메모리 시스템이 이 요청을 다루면 프로세서는 곧바로 다른 작업으로 넘어갈 수 있다.

*컴퓨터가 동작하는 데 필요한 기준 신호의 한 주기.
**빠른 데이터 접근이 가능하도록 미래의 요청에 대비해 임시로 데이터를 저장해두는 장소.
***1조 분의 1초.

HTMT가 지연 문제를 다루는 두 번째 방법은 메모리 안에 작은 프로세서를 두는 PIM(processor in memory)이다. 반도체 제조 기술의 발달 덕분에 이미 몇 년 전에 시모스 로직 회로와 DRAM(Dynamic Random Access Memory의 약자로 램의 일종)을 같은 실리콘 다이 위에 만드는 것이 가능해지면서 두 기능이 밀접하게 통합되었다. 이 칩은 데이터 게더(data gather)처럼 오버헤드 관리에 특화된 기능을 담당한다. 즉 메모리에 있는 정보를 처리함으로써 초전도 프로세서로 하여금 연산 자체에 집중하도록 해주는 것이다. PIM 기술은 여러 곳에 흩어져 있는 데이터를 한곳으로 모으는 기능인 데이터 게더와 이와는 반대로 정보를 알맞은 위치에 배치하는 기능인 데이터 스캐터(data scatter)처럼 메모리에 특화된 기능을 관리한다.

HTMT에 사용되는 기술과 컴퓨터 구조도 혁신적이지만, 진정한 혁신은 HTMT의 자원 관리 방법과 농작 원칙에 있다. HTMT 시스템은 언제 새 작업이 수행되어야 하는지를 PIM 프로세서가 결정하는 새로운 기법을 쓴다. PIM 프로세서는 수행이 필요한 모든 정보를 고속 초전도 프로세서 근처의 고속 액세스 버퍼 메모리에 언제 옮길지를 결정한다. 예를 들면 특정한 서브루틴(subroutine)이* 수행되어야 하는 상황이라면, 해당 서브루틴과 이 서브루틴의 수행에 필요한 정보가 프로세서에 전달된다. 필요한 정보를 미리 준비하는 이 같은 방식은 주 메모리 연결 과정에서 발생하는 엄청난 지연을 피하는 방법이기도 하다. 또한 필요한 정보를 프로세서에 전달할 필요가 없으므로 이 방법을 사용하면 고속 프로세서가 오버헤드에 관련된 작업을 하지 않아도 된다.

*프로그램 가운데 하나 이상의 장소에서 필요 시 되풀이해 사용하는 부분적 프로그램.

사용성을 개선하기

컴퓨터가 페타플롭스 이상의 성능을 내려고 할 때 맞닥뜨리는 세 번째 장애는 시스템의 사용성이다. (다양한 문제에 컴퓨터를 활용해야 하므로) 제아무리 빠른 컴퓨터라도 사용하기 어렵거나 프로그램을 작성하기 어렵고, 가동 시간이 짧다면 의미가 반감된다. HTMT는 이러한 문제에 여러 가지 방식으로 대응한다.

메모리를 공유하는 컴퓨터 구조에서는 모든 프로세서가 메모리의 모든 영역을 '볼' 수 있다. 이런 방식을 쓰면 데이터 전송에 별도의 프로세서와 소프트웨어 루틴이 관여할 필요 없이 어떤 프로세서도 모든 데이터에 접근할 수 있다. 결과적으로 더 많은 동작을 동시에 수행할 수 있고 속도도 빨라지므로, 이런 방식은 메모리를 할당하는 전형적인 분산(distributed-)형 메모리 구조나 조각난(fragmented-) 메모리 구조보다 보편적이다. 또한 시스템이 동작 중에 얻는 정보에 반응해 동적으로 작업 계획을 변경하므로(dynamic rescheduling) 범용성에 더해서 더욱 효과적으로 특정한 연산을 수행할 수 있다. 또한 이는 문제를 해결하려는 컴퓨터 과학자의 방식과 동일하므로 프로그래밍을 더욱 직관적으로 할 수 있음을 뜻한다. 프로그래머는 보통, 시스템에서 문제가 어떤 식으로 다루어질지 미리 결정해야 하는데, 이 과정은 매우 복잡하고 손이 많이 간다. 그러나 HTMT 시스템은 이 중 대부분을 스스로 결정하므로 대형 컴퓨터 사용에서 가장 난제가 되는 프로그래밍의 어려움을 상당 부분 제거하는 셈이다.

이런 하이브리드 컴퓨터는 고성능 부품과 기술을 적용해서 사용자에게 더 많은 능력을 제공하며, 결과적으로는 적은 수의 부품으로도 이전의 기술로 만든 컴퓨터와 동일한 성능을 보여준다. 부품 수가 적어지면 전체 시스템의 안정성이 올라가 가동 시간도 늘어난다.

1 - 더 빠르게, 더 똑똑하게, 더 저렴하게

1-2

홀로그래픽 메모리

HTMT가 보여주는 또 다른 혁신적 측면은 고밀도-고용량 홀로그래픽 메모리 소자다. 반도체 DRAM을 대체하는 이 새로운 소자에 대한 활발한 연구가 학계와 업계의 연구소에서 진행 중인데 저장 밀도가 높은 반면, 전력 소모는 낮고 가격도 저렴할 것으로 예상된다.

홀로그래픽 저장 장치는 정보를 저장하기 위해 빛에 반응하는 소재를 이용한다. 광굴절(光屈折, photorefractive) 기법과 스펙트럴 홀 버닝(spectral hole burning) 기법이 대표적 기술이다. 광굴절 메모리에서는 데이터가 저장된 판이 리튬 니오브산염(lithium niobate) 같은 작은 사각형 블럭 모양의 저장소에서 기준 레이저와 간섭하는 레이저(신호)를 변조한다. 홀로그램은 공간적으로 분포하는 갇혀 있는 진하가 레이지 긴섭에 의해서 국부 전기장을 만들 때 전기-광학적 효과가 일어난 결과 만들어진다. 하나의 목표가 되는 대상 물질에 여러 데이터 블럭이 저장될 수 있고 각각은 레이저의 입사각이나 파장에 의해서 구분된다. 스펙트럴 홀 버닝 기법은 저장 물질이 광학적 자극에 비선형으로 반응하는 특성을 이용한다. 데이터는 빛에 반응하는 매체의 흡수 스펙트럼의 변화에 따라 표현된다. 또한 한 저장 장소에 정보가 여러 비트 저장될 수 있다.

현재로서는 광굴절 기법이 훨씬 더 진전된 상태다. 그러나 장기적으로는 스펙트럴 홀 버닝 기법이 훨씬 더 큰 용량의 메모리를 만들어낼 가능성이 높다. 현재의 전형적인 홀로그래픽 소자의 접근 시간(access time)은 1,000분의 몇 초 수준으로, 하드디스크나 CD-ROM 같은 보조 저장 매체의 속도와 유사하다. 그러나 조절 가능한 레이저나 조사(照射) 각도가 각기 다른 레이저 다이오드(laser diode) 다발을 이용하는 고도의 기술이 적용되면 접근 시간은 십만 분의 몇 초 수준으로 떨어질 것이다. 비록 이런 접근 시간은 DRAM에 비하면 몇백배 느린 수준이지만, 데이터 전송 속도는 DRAM과 같거나 빠르므로 통상적인 하드디스크에 비하면 100배는 빠른 것이다. 불과 몇 입방센티미터 공간에 10기가비트(gigabit) 이상의 용량을 담는 메모리가 향후 10년 이내에 개발될 것이다.*

* 현재 8기가비트급의 메모리가 생산되고 있으며, 이 메모리 4개를 결합한 4기가바이트(32기가비트) 제품도 생산되고 있다.

광통신

초전도 프로세서와 고밀도 홀로그래픽 메모리를 네트워크로 엮기 위해서 HTMT는 고용량 광학 데이터 전송선을 사용한다. 금속 전선 대신 광섬유를 이용하는 것이다. 이로써 1초에 몇백 메가비트(megabit)의 데이터도 어렵지 않게 보낼 수 있으며, 신호 전송에 한 쌍의 선을 쓰는 차동(differential)* 기법을 통해 전송 속도를 초당 몇 기가비트로 높일 수 있다. 하지만 페타플롭스 수준의 시스템이 요구하는 전송량을 감당하려면 몇천만 가닥의 광섬유 케이블이 필요할 수도 있다. 변조 레이저를 이용하면 기존의 광통신 시스템으로도 각 채널마다 초당 10기가비트 이상의 속도가 가능하다.

* 두 양의 차이에 의해서 동작하도록 하는 것.

1-2

디지털 신호를 전송하는 여러 가지 파장(또는 색깔)의 빛을 이용하면 광섬유의 전송 속도와 전송 용량을 획기적으로 증가시킬 수 있다. HTMT는 파장 분할 다중화(wave division multiplex, WDM)라는 광전송 기술을 이용한다. 이 방법을 쓰면 채널당 대역폭이* 금속선을 이용하는 전송 방식보다 100배 정도 넓어진다. 각각 다른 신호를 담고 있는, 파장이 다른 빛이 하나의 선을 통해서 동시에 전송되는 것이다. 동시에 전송될 수 있는 파장의 종류는 100여 개에 이르고 앞으로는 더 늘어날 것이다. 수신기, 송신기, 중계 기술이 지속적으로 개발되고 있으며, 머지않아 스위칭 속도도 50MHz 이상으로 높아질 것으로 보인다. 아직은 초기 단계지만 향후에는 GHz 수준의 속도도 가능해 보인다. 이는 성능이 페타플롭스 수준인 컴퓨터에도 충분히 적용될 정도다.

*주파수의 범위를 지칭하는 말이다.

차세대 초고성능 컴퓨터는 지구온난화, 새로운 질병, 청정에너지 등 시급한 세계적 문제를 해결하는 데 크게 기여할 것으로 기대된다. 1999년, 미국 대통령 직속 정보기술자문위원회(President's Information Technology Advisory Committee)는 이와 관련된 분야에 재정적 지원이 필요하다고 제안했다. 이후 연구팀들은 HTMT 기술이 초고성능 컴퓨터의 실용화를 위한 가장 합당한 방법이라는 결론에 도달했다. 지금으로서는 적절한 자금 지원이 절실하다.

1-3 DIY 슈퍼컴퓨터

윌리엄 하그로브·포레스트 호프만·토머스 스털링

다음과 같은 오래되고 유명한 동화가 있다. 어느 날 길 가던 병사가 가난한 마을에 들르게 되었다. 그는 마을 사람들에게 솥에 돌멩이만 넣고 끓여서 수프를 만들겠다고 제안한다. 처음엔 미심쩍어하던 마을 사람들은 양배추, 당근, 약간의 고기 등 수프에 넣을 재료를 몇 가지 더 가져다주었다. 이렇게 해서 생긴 모든 재료를 넣고 끓이다 보니 결국에는 여러 사람이 나눠 먹을 수 맛있는 수프가 만들어졌다. 이 동화는 대단치도, 핵심적이지도 않은 각각의 요소라도 합쳐지면 커다란 성공을 이루어낼 수 있다는 교훈을 전해준다.

1초에 몇십억 번의 연산이 가능한 슈퍼컴퓨터 개발에 유사한 전략을 적용하려는 시도가 이어지고 있다. 일반적으로 슈퍼컴퓨터는 초고속 마이크로프로세서가 여러 개 연결되어 병렬로 동작하면서 기상 예측, 핵폭발 등의 복잡한 문제를 처리한다. IBM사, 크레이사(Cray) 등이 대표적인 슈퍼컴퓨터 제조사이며, 가격이 몇천만 달러에 이르러 어지간한 예산으로는 감당하기 어렵다. 그래서 지난 몇 년간 국립연구소와 각 대학의 과학자들은 자신들이 보유한 값싼 PC를 연결해 슈퍼컴퓨터나 풀었던 특별한 문제들을 풀 수 있는 소프트웨어의 개발에 나섰다.

1996년 테네시주 오크리지국립연구소(Oak Ridge National Laboratory, 이하 ORNL)에서 우리(하그로브와 호프만)는 이런 문제에 맞닥뜨렸다. 당시 우리는 환경조건에 따라 지역을 구분하는 미국 환경지도를 만들던 중이었다. 우리는 기후, 토양, 지형이 동일하면 같은 환경구역(ecoregion)으로 분류했으며, 미국 본토의 고해상도 지도를 만들기 위해 미국 전역을 각 변이 1km인 780만 개의 정사각형으로 나누었다. 각각의 사각형 구역에는 월평균 강수량에서 토양의 질소 함유량에 이르기까지 25개의 값이 필요했다. PC나 워크스테이션 한 대로 이런 작업을 할 수는 없다. 병렬처리 슈퍼컴퓨터가 필요했지만 주어진 예산으로는 어림도 없는 일이었다.

해결책은 ORNL에서 쓰지 않고 보관 중이던 오래된 PC를 그물처럼 연결해 클러스터(cluster)로* 만드는 것이었다. 사실상 비용이 전혀 들지 않았기에 프로젝트 이름을 스톤 수퍼컴퓨터(Stone SouperComputer)라고** 지었는데, 초고해상도 환경지도를 만들어내기에 부족함이 없는 성능이었다. 이보다 훨씬 성능이 좋고, 세계 최고속 슈퍼컴퓨터와도 견줄 만할 클러스터를 슈퍼컴퓨터보다 훨씬 저렴한 가격에 구현해낸 연구팀도 있다. 가격 대비 성능이 뛰어난 클러스터를 인간 게놈(genom) 해독에 이용하려는 일부 기업도 있다.

이처럼 클러스터 개념은 학교와 기업을 비롯한 어디서도 컴퓨터의 엄청난 성능을 누리게 해준다는 점에서 가히 혁명적이라 할 수 있다.

*서로 연결된 컴퓨터의 집합.
**돌 수프 동화에서의 Stone Soup과 Supercomputer의 합성어.

영웅 베오울프와 거인 그렌델

컴퓨터를 연결해서 사용한다는 개념은 그다지 새로운 것이 아니다. 1950년대와 1960년대에 미국 공군은 소련의 핵 위협에 대항하고자 진공관 컴퓨터를 연결해 SAGE라는 네트워크를 만들었다. 1980년대 중반 디지털이큅먼트사(Digital Equipment Corporation)는 자사의 중급 컴퓨터였던 백스(VAX) 미니컴퓨터(minicomputer)를* 연결하면서 '클러스터'라는 용어를 처음으로 사용한다. 연구 기관들 사이에서 워크스테이션(보통 미니컴퓨터보다 성능은 떨어지지만 PC보다는 빠르다)으로 이루어진 네트워크가 금세 널리 퍼졌다. 1990년대 초반에는 PC를 연결하려는 시도가 시작되는데, PC 가격의 빠른 하락도 원인이 되었다. 컴퓨터 연결의 주요 수단인 인터넷 이용 비용 하락도 이에 크게 작용했다.

*메인프레임 컴퓨터보다 작다는 의미에서 이러한 명칭을 썼지만 별도의 전산실이 필요한 고성능 컴퓨터다.

PC 클러스터를 꽃피우는 데 소프트웨어의 발전이 미친 영향도 무시할 수 없다. 1980년대에는 유닉스(Unix)가 과학 기술 분야에서 주도적 운영체제로 자리 잡기 시작했다. 하지만 PC에 사용되는 운영체제는 유닉스처럼 기능이 뛰어나지도 않았고 유연성도 없었다. 그러던 중 1991년 핀란드의 대학생 리누스 토르발즈(Linus Torvalds)가 유닉스와 유사하면서도 PC에서 동작하는 리눅스(Linux)라는 운영체제를 만들어낸다. 토르발즈는 인터넷에서 리눅스를 무료 배포했고, 프로그래머 몇백 명이 리눅스 개선에 참여하기 시작했다. 현재 많은 컴퓨터에서 사용되는 리눅스는 PC 클러스터를 만드는 데 최적의 운영체제라 할 수 있다.

1994년, NASA의 고다드우주비행센터(Goddard Space Flight Center)에서 최초의 PC 클러스터를 만들었다. NASA는 우주과학에서 흔히 맞닥뜨리는 복잡한 연산 문제를 저렴한 비용으로 풀어낼 방법을 찾고 있었다. NASA는 1초에 10억 회 부동 소수점 연산을 하는 1기가플롭스 수준의 성능을 원했다(컴퓨터 성능에서 부동 소수점 연산은 더하기나 곱하기와 동등하다). 당시 판매되고 있던 슈퍼컴퓨터 중에서 성능이 그 정도 되는 제품은 가격이 대략 100만 달러 정도로 연구팀 하나가 전용으로 사용하기에는 지나치게 비싼 감이 있었다.

우리 그룹에 있던 스털링은 PC로 클러스터를 만드는 개념을 연구해보기로 했다. 스털링과 고다드연구소에 있던 그의 친구 도널드 베커(Donald J. Becker)는 인텔 486 마이크로프로세서가 장착된 16대의 PC에 리눅스를 설치하고 이더넷(Ethernet)으로 연결했다. 이렇게 만들어진 PC 클러스터는 70메가플롭스(1초에 부동 소수점 연산 7천만 회)의 성능을 보여주었다. 오늘날의 기준으로는 평범해 보이겠지만 이 정도면 당시의 소형 슈퍼컴퓨터에 살짝 못 미칠 정도의 성능이었다. 클러스터에 들어간 비용은 단 4만 달러로, 1994년 당시 비슷한 성능인 제품 가격의 10분의 1 수준에 불과했다.

NASA의 연구원들은 이 클러스터에 거인 그렌델(Grendel)의 팔을 맨손으로 잘라낸 중세 전설의 영웅 이름에서 따온 베오울프(Beowulf)라는 명칭을 붙였다. 그 후로는 일반 PC를 이용해서 만든 저가 클러스터를 지칭할 때 이 이름이 널리 쓰이게 되었다. 1996년에는 베오울프의 뒤를 잇는 클러스터 두 개가 등장한다. 캘리포니아공과대학과 제트추진연구소(Jet Propulsion Laboratory) 연구원들이 만든 하이글락(Hyglac)과 로스앨러모스국립연구소(Los Alamos National Laboratory)가 제작한 로키(Loki)다. 이들 클러스터에는 각각 16개의 인텔 펜티엄 프로 마이크로프로세서가 들어 있었으며 성능은 1기가플롭스가 넘는 반면에 가격은 5만 달러에 미치지 못했으므로 NASA가 바라던 조건을 훌륭하게 충족해주었다.

이런 베오울프식 접근 방법은 미국 환경지도를 만들려는 우리의 목적에 아주 잘 부합하는 것으로 보였다. 한 대의 워크스테이션이 감당할 수 있는 데이터의 양은 기껏해야 몇몇 주(州)에 해당될 정도였다. 모든 주의 환경 데이터를 동시에 비교하면서 처리해야 했으나 몇 개의 주마다 워크스테이션을 하나씩 나누어 배치하기는 곤란했다. 따라서 우리에게는 병렬처리 시스템이 필요했다. 결국 1996년, 펜티엄 II 마이크로프로세서가 장착된 64대의 PC를 구입해서 베오울프와 동일한 방식의 클러스터를 만들겠다는 제안서를 상부에 제출했다. 하지만 ORNL에서는 이 아이디어를 그다지 마음에 들어 하지 않았고 제안은 반려되었다.

우리는 단념하지 않고 다른 방법을 강구했다. 오크리지에 있는 에너지부 단지는 주기적으로 구형 PC를 새로운 모델로 교체한다는 사실을 우리는 알고 있었다. 그럴 때면 내부 게시판에 구형 PC를 헐값에 판매한다는 공고가 떴는데 당시 구형 PC 몇백 대가 팔리지 않은 상태였다. 어쩌면 돈 한 푼 안 들이고 우리만의 베오울프를 만들 수 있을지도 모른다. 우리는 ORNL에서 과거에 메인프레임 컴퓨터실로 쓰던 공간을 확보하고 스톤 수퍼컴퓨터에 사용할 PC를 모으기 시작했다.

디지털 참샵

병렬처리의 기본적 개념은 '나눠서 다루는(divide and conquer)' 것이다. 병렬처리 시스템은 복잡한 문제를 작은 단위의 태스크로 나눈다. 각각의 태스크는 병렬처리 시스템을 구성하는 노드(node)에,* 베오울프 클러스터라면 각각의 PC에 할당되어 동시에 처리된다. 병렬처리 시스템이 효과적인지 아닌지는 문제 자체의 특성이 좌우한다. 각각의 노드가 얼마나 자주 서로 정보를 교환하면서 동작을 조율하고, 처리 중간에 진행 내용을 공유하는지가 중요한 요소가 된다. 아주 많은 수의 작은 태스크로 문제를 나누어야 할 때도 있는데, 이런 유의 문제에서는 노드끼리 매우 빈번한 정보교환이 필요하므로 병렬처리 기법으로 다루기에는 적합하지 않다. 반면 이보다 태스크의 숫자가 적은 경우라면 각각의 태스크는 덩치가 좀 더 커진다. 이럴 경우 노드 사이에서의 정보교환 빈도가 낮아지기 때문에 병렬처리를 하면 매우 효과적으로 답을 얻을 수 있다.

* 데이터 통신망에서 데이터를 전송하는 통로에 접속되는 하나 이상의 기능 단위.

베오울프 클러스터를 만들려면 몇 가지 문제를 결정해야 한다. PC 연결에 통상적 이더넷을 쓸지, 아니면 미리넷(Myrinet)처럼 속도는 빨라도 일반적이지 않은 네트워크를 쓸 것인지 선택해야 하는 것이다. 예산이 부족했던 우리로서는 비용이 들지 않는 이더넷을 쓸 수밖에 없었다. PC 한 대에 이더넷 카드 두 장을 설치하고, 이 PC를 클러스터의 프론트-엔드(front-end)* 노드로 이용했다. 이더넷 카드 중 하나는 클러스터 외부 사용자와의 통신에, 다른 하나는 나머지 노드와 연결해 클러스터 내부에서의 통신에 이용했다. 각각의 PC는 서로 메시지를 주고받으며 작업을 조절한다. 메시지 전송에 쓰이는 가장 일반적인 방법은 메시지 전달 인터페이스(message-passing interface, MPI)와 병렬 가상 머신(paralle virtual machine, PVM)인데, 둘 다 인터넷에서 무료로 구할 수 있다. 스톤 수퍼컴퓨터에는 두 가지가 모두 쓰였다.

*프로세스의 처음 단계를 가리키는 말.

베오울프 클러스터는 거의 대부분이 똑같은 마이크로프로세서와 부품을 채용한 동일한 사양의 PC로 구성되어 있다. 덕분에 클러스터 유지와 사용이 편리해지는 것은 분명하지만, 반드시 그래야 하는 것은 아니다. 남아도는 구형 PC라면 뭐라도 가져다 써야 하는 상황이었기에 스톤 수퍼컴퓨터는 종류와 속도가 다른 마이크로프로세서의 PC를 이용해도 문제없이 작동해야 했다. 처음에는 인텔 486 마이크로프로세서가 들어 있는 PC들로 클러스터를 구성했지만 점차 램(RAM) 용량 32메가바이트(megabyte), 하드디스크 용량 200메가바이트의 펜티엄 프로세서를 추가했다.

얻어온 PC 중에 우리가 생각했던 최소 요구 사항에 만족되는 PC는 거의 없었다. 대부분은 여러 대의 PC에서 부품을 모아 조건에 맞는 PC 한 대를 만들어내는 식이었다. 한마디로 컴퓨터계의 찹샵(chop shop)인* 셈이다. 새로

구한 PC의 케이스를 열 때마다 생일 선물 포장을 뜯는 어린아이 같은 마음이었다. 하드디스크 용량이 크고, 메모리가 넉넉히 들어 있고(가장 중요했다), 혹시라도 메인 보드가 고성능으로 바뀐 물건이 있지 않을지 기대했다. 하지만 실제론 냉각 팬에 먼지가 가득 낀 오래된 고물이 대부분이었다.

*훔친 자동차를 분해해서 부품으로 팔아넘기는 가게.

우리가 확보한 오크리지의 작업실은 해체된 PC의 잔해가 나뒹구는 컴퓨터의 영안실이나 다름없었다. 일단 PC를 열면, 마치 시체 인식표처럼 내용물의 목록을 적어서 PC에 붙여놓았다. 선호도에 따라 제조사, 제품, 케이스를 구분하고 이전 사용자의 패스워드를 지워버리는 일을 능숙히 하게 되었다. 쓸 만한 PC 한 대를 만들려면 평균 5대의 PC가 필요했다.

클러스터에 노드를 하나씩 더할 때마다 그 노드에 리눅스 운영체제를 설치했다. 그 과정에서 각 노드마다 키보드와 모니터를 장착할 필요는 없다는 사실을 깨달았다. 그리고 노드에 문제가 생기면 사용할 비상용 장비를 보관하는 작은 밀차도 만들었다. 나중에는 우리와 함께 그 방을 쓰려고 장비 보관대를 구입해주는 사람까지 있었다. 스톤 수퍼컴퓨터는 1997년 처음 가동을 시작했고 2001년 5월 현재, 인텔 486 마이크로프로세서가 들어 있는 75대의 PC와 펜티엄(Pentium)이** 장착된 53대의 PC, 그리고 이보다 훨씬 빠른 컴팩사(Compaq)의 알파(Alpha) 워크스테이션 5대로 구성된 133개의 노드로 이루어져 있다.

스톤 수퍼컴퓨터의 성능을 향상시키는 작업은

**인텔사에서 나오는 중앙처리장치(CPU)의 명칭.

단순하다. 가장 느린 노드를 제일 먼저 교체한 후 한 시간 간격으로 있는 클러스터 유지 관리 시간에 각 노드의 속도를 측정한다. 이처럼 속도에 따라 노드 순위를 정리해두면 전체 클러스터의 성능을 섬세하게 관리할 수 있다. 성능 좋은 PC를 지속적으로 무상 확보할 수 있으므로, 상업용 제품과 달리 스톤 수퍼컴퓨터의 성능은 지속적 개선이 가능하다.

병렬 문제 처리하기

병렬 프로그래밍에는 기술과 창의력이 필요하며, 이는 베오울프 시스템을 조립하는 것보다 훨씬 어려운 일이기도 하다. 베오울프 클러스터용 프로그램을 만드는 가장 대표적 방법은 주-종(master-slave) 방식 사용이다. 노드 중 하나가 주 노드가 되어 하나 혹은 여러 개의 종 노드가 수행하는 계산을 관리한다. 스톤 수퍼컴퓨터의 모든 컴퓨터에서는 동일한 소프트웨어가 수행되므로, 별도로 각 노드가 주 노드인지 종 노드인지 구분하는 프로그램을 설치했다. 프로그램에 오류가 발생하기라도 하면 마치 탈선한 기차처럼 한 노드에서 발생한 문제가 연속적으로 다른 노드에 영향을 미쳐 커다란 문제가 된다. 일단 이런 상황이 벌어지고 나면 문제 해결이 쉽지 않다.

또 다른 문제는 PC들의 작업량 배분이다. 스톤 수퍼컴퓨터는 다양한 속도의 여러 가지 마이크로프로세서로 이뤄지므로 각각의 노드에 동일한 양의 작업을 할당해서는 안 된다. 그렇게 되면 빠른 노드는 맡은 일을 일찍 끝낸 뒤 아무 작업도 하지 않으면서 느린 노드의 작업 완료를 기다릴 것이다. 때문에 주 노드가 종 노드 가운데 빠른 노드에 더 많은 데이터를 보내도록 프로그래밍했다. 이랬을 때 빠른 PC가 대부분의 작업을 하면서 느린 PC도 전체 시스템 성능에 충분히 기여할 수 있다.

환경지도 만들기의 첫 단계는, 미국 본토를 780만 개 구역으로 나누고, 각 구역마다 25개의 환경 관련 정보를 가진 어마어마한 데이터를 정리하는 것이었다. 각 구역마다 하나의 데이터 셀(cell)이 대응하고, 각각의 셀은 25개의 항목(평균기온, 강수량, 토양 특성 등)을 갖는 구조였다. 그리고 각각의 항목에 해당 내용을 기록했다. 값이 비슷한 데이터 셀은 비슷한 특성을 지니므로 같은 생태 지역으로 분류된다. 구역끼리 지리적으로 얼마나 근접해 있는지는 중요치 않다. 예를 들면 몇천 마일 떨어진 두 산봉우리의 환경이 굉장히 비슷하다면 데이터 비교 시 아주 가까운 값을 가질 수 있다.

일단 데이터가 정리되고 나면 지도에 표시할 생태 지역의 개수를 정해야 한다. 클러스터가 각각의 생태 지역에 데이터 공간에서의 '초기 위치'를 정해준다. 그러고는 780만 개의 데이터 셀마다 가장 값이 가까운 생태 지역을 찾는다. 이제 클러스터가 각각의 생태 지역의 중심 값, 즉 그 구역에 속한 데이터 셀의 평균값을 찾는다. 클러스터는 이 과정을 반복하면서 중심점에서의 거리에 따라 다시 가장 가까운 생태 지역에 배정된다. 한 번씩 이 과정을 반복할 때마다 새로운 생태 지역 중심점이 찾아진다. 이 과정은 배정된 생태 지역이 변경되는 데이터 셀의 숫자가 일정한 값 아래로 떨어질 때까지 계속된다. 그러고 나면 분류가 완료되는 것이다.

이 작업에서는 클러스터의 각 노드가 780만 개의 데이터 셀을 저마다 따로 나누어 연산하기 때문에 병렬처리 기법이 매우 효과적이다. 매번 반복 연산이 한 번 끝날 때마다 종 노드가 각각의 생태 지역에서 연산된 결과를 주 노드에 전해준다. 주 노드는 이 정보를 받아 각각의 생태 지역 중심점 위치를 연산한 뒤, 다음번 반복 계산에 쓰이도록 종 노드에 다시 이 값을 알려준다. 병렬처리는 전체 과정의 시작 단계에서 가장 적합한 초기 위치를 선택할 때도 유용하다. 우리가 고안한 알고리즘은 스톤 수퍼컴퓨터의 노드가 가장 넓게 퍼져 있는 데이터 셀을 찾아낸 뒤 이를 초기 위치로 선택하도록 되어 있다. 클러스터가 이런 초기 위치에서 계산을 시작하면 적은 계산량으로도 환경지도를 만들 수 있다.

이 모든 작업의 결과물로, 미국 본토를 생태 지역의 종류에 따라 여러 가지 색으로 표시한 일련의 지도를 얻을 수 있다. 미국 본토를 생태 지역 4개로 나눈 지도부터 5,000가지 생태 지역으로 나눈 지도까지 만들어졌다. 록키산맥 인근 주와 사막이 대부분인 남서부 지역처럼 적은 수의 생태 지역으로 표시된 지도는 쉽게 눈에 들어온다. 반면에 몇천 개의 생태 지역으로 된 지도는 미국의 환경을 표시한 지금까지의 어떤 지도보다도 복잡하다. 한두 개의 생태 지역에만 서식하는 동식물이 여러 종 있으므로 우리가 만든 지도는 멸종 위기에 처한 동식물을 연구하는 학자들에게 아주 유용한 자료가 될 수 있다.

처음 만든 환경지도에서는 생태 지역마다 임의의 색깔을 아무런 규칙 없이 배정했지만, 나중에는 비슷한 환경끼리 유사한 색깔을 갖도록 변경했다. 아홉 가지 환경 관련 변수를 세 가지 요소의 결합으로 나타내고, 빨강·초록·파랑을 단계별로 섞어 이를 지도에 표시했다. 지도를 이런 식으로 그리면 구역 경계의 색깔 변화가 급격하지 않다. 수풀이 우거진 남동부는 대부분 초록색을 띠고, 추운 동북부는 파란색, 건조한 서부는 주로 빨간색으로 나타난다.

또한 스톤 수퍼컴퓨터를 이용해 지구온난화로 인한 환경변화 시 미국의 환경변화를 예측할 수도 있다. 또 다른 연구팀에서 개발한 기후변화 시나리오를 이용해 현재의 생태 지역 지도를 2099년의 예상 생태 지역 지도와 비교해보았다. 이 두 가지 예상에 따르면 21세기 말 피츠버그 기후는 현재의 아틀란타, 미니애폴리스 기후는 지금의 세인트루이스와 유사할 것으로 예측된다.*

*아틀란타와 세인트루이스는 각각 피츠버그, 미니애폴리스와 경도는 비슷하지만 훨씬 남쪽에 있는 도시들이다. 미국이 점점 더워질 것을 의미한다.

미래의 클러스터

전통적으로 슈퍼컴퓨터의 성능을 판단하는 지표는 표준 프로그램 처리 속도였다. 하지만 우리 같은 과학자들에게는 속도보다도 실제적 문제를 얼마나 효과적으로 처리하는지가 더 중요한 문제가 된다. 스톤 수퍼컴퓨터의 성능을 평가하기 위해, 동일한 환경지도 작성 문제를 ORNL이 보유한 인텔 파라곤(Intel Paragon) 슈퍼컴퓨터가 퇴역하기 직전에 실행해보았다. 이 슈퍼컴퓨터는 속도가 150기가플롭스에 이르고, 한때 ORNL에서 가장 빠른 컴퓨터였다. 각각의 프로세서만 놓고 비교한다면 파라곤과 스톤 수퍼컴퓨터는 기본적으로 성능이 동일하다. 실제 업무 외에는 컴퓨터를 쓸 여유가 없어서 우리가 만든 클러스터의 성능을 공식적으로 측정해본 적은 없지만 이론적으로는 최고 성능이 1.2기가플롭스에 이른다. 사실 클러스터에서는 하드웨어의 성능보다 병렬처리에 적합하게 프로그래밍을 잘하는 것이 훨씬 중요하다. 이 새로운 분야에서는 다윗과 골리앗(베오울프와 그렌델이라고 불러도 되겠지만)이 맞붙어 경쟁하고 있는 것이다.

스톤 수퍼컴퓨터 이후 이러한 베오울프식 접근이 활발하게 이루어졌다. 그렌델(Grendel) · 네일링(Naegling) · 메갈론(Megalon) · 브라마(Brahma) · 아발론(Avalon) · 메두사(Medusa) · 더하이브(theHive) 등 멋진 이름을 가진 새 클러스터들은 낮은 가격과 높은 성능을 자랑한다. 2000년 11월 현재, 세계에서 가장 빠른 500대 컴퓨터 순위에 PC, 워크스테이션, 서버로 이루어진 28개의 클러스터가 들어 있다. 512개의 펜티엄 III로 이루어진 뉴멕시코주립대학의 로스 로보스(LosLobos) 클러스터는 성능이 237기가플롭스에 이르며 세계에서 80번째로 빠른 컴퓨터이기도 하다. 84위인 산디아국립연구소(Sandia National Laboratories)의 시플랜트(Cplant) 클러스터에는 580개의 컴팩 알파 프로세서가 들어 있다. 미국국립과학재단과 미국에너지국(Department of Energy, 이하 DOE)은 가장 빠른 슈퍼컴퓨터와 대등한, 성능이 테라플롭스 수준인 새로운 클러스터를 계획 중이다.

기업들도 베오울프 시스템을 받아들이기 시작했다. 여러 컴퓨터 회사에서 대규모 계산이 필요한 기업을 대상으로 클러스터를 판매 중이다. IBM사는 바

1-3

이오기술 회사 뉴텍 사이언스사(NuTec Science)에 질병의 원인이 되는 유전자 식별에 사용할 1,250대의 서버로 이루어진 클러스터를 공급했다. 클러스터 못지않게 중요한 추세는 인터넷에 연결된 PC들을 모아서 함께 작업시키는 기술의 확산이다. 대표적인 사례로 캘리포니아주립대학 버클리 캠퍼스 연구자들이 시작한 SETI@home 프로젝트가 있다. 이는 심우주(deep space)에서 오는 신호를 수신, 외계 생명체의 존재를 탐사한다. SETI@home은 인터넷에 연결된 300만 대 이상의 PC에 잘게 쪼갠 데이터를 보내고, 각각의 PC는 사용자가 사용하지 않는 시간에 이 데이터를 처리한다. 컴퓨터 업계 일부 전문가들은 언젠가는 컴퓨터망도 전력망처럼 작동하리라 예상한다. 그렇게 되면 컴퓨터 사용자들끼리 다른 사용자의 컴퓨터가 가진 계산 기능을 손쉽게 주고받을 수 있다.

무엇보다도, 베오울프 개념은 컴퓨터 세계의 권력 구조를 바꾸어 특별한 극소수나 조직만이 누리던 고성능 컴퓨터에 손쉽게 접근하게 해주었다. 저비용 병렬처리 시스템에는 엄청난 예산이 필요하지도 않다. 각종 연구팀, 고등학교, 대학, 소규모 기업도 자신만의 베오울프 클러스터를 만들거나 구입해서 슈퍼컴퓨터의 성능을 손안에 넣을 수 있다. 진정한 의미의 돌멩이 수프(Stone Soup)가 만들어진 것이다.

1-4 컴퓨터 그리드: 경계가 사라진다

이안 포스터

원시인들은 스스로 음식을 구해서 먹고 스스로 만든 도구를 사용해야 했다.

생산과 소비의 이 같은 연계를 극복하려는 몇천 년에 걸친 노력은 농업, 대량생산, 전력 전송에도 이어졌고 현대 세계를 분업화된 노동, 규모의 경제, 기술의 전문화로 특징짓게 되었다. 덕분에 필자도 물, 커피, 전기, 무선 인터넷이 어디서 어떻게 만들어지는지 생각할 필요 없이 카페에서 에스프레소를 마시며 노트북 컴퓨터로 이 글을 쓰는 호사를 누리는 것이다.

이처럼 여러 요소가 언제든 쓸 수 있게 준비된 상황은 컴퓨터 과학자로 하여금 가상화(virtualization) 개념을 떠올리게 한다. 즉 세부 기능의 동작과 구성을 사용자가 직접 볼 수 없게 만들어져 있다는 뜻이다. 바리스타는 수도꼭지만 틀면 끝없이 물이 나오는 물통을 가진 셈이다. 노트북 컴퓨터의 전원 선을 벽에 있는 단자에 꽂을 때도 마찬가지다. 단자 뒤에는 거대한 전력망이 존재하지만 전자 제품을 사용하면서 그런 데까지 신경 쓰는 사람은 없을 것이다.

컴퓨터의 연산 능력 사용도 결국 가상화의 한 예가 될 수 있다. 노트북 컴퓨터, 데스크톱 컴퓨터, 최첨단 기업 데이터 센터 모두 독립된 하드웨어 안에서 소프트웨어를 실행한다는 면에서는 동일하다. 집집마다 발전기, 도서관, 인쇄기, 저수지를 구비하고 있지 않은데 컴퓨터만 예외가 되어야 할 이유라도 있을까?

1-4

컴퓨터 과학자들은 상황을 바꿀 방법을 찾기 시작했다. 인터넷이 점점 빨라지고 있는데 컴퓨터들을 연결해 프로세서, 저장소, 데이터, 소프트웨어 등 각각의 컴퓨터가 가진 자원을 서로 주고받지 못할 이유가 없지 않을까? 한마디로 말해서 컴퓨터를 가상화된 서비스로 만들면 된다. 그렇게 된다면 컴퓨터 '그리드(grid : 망)'도* 전력망 못지않게 일상적으로 유용한 존재가 될 것이다.

*'컴퓨터망'은 보편적으로 현재의 인터넷에 연결된 컴퓨터를 지칭할 때 쓰이므로, 이 책에서는 개별 컴퓨터의 계산 능력을 주고받을 수 있는 개념의 컴퓨터망은 '컴퓨터 그리드'로 표기하기로 한다.

그리드 비즈니스

컴퓨터 그리드가 확산되면 누구에게 혜택이 올까? 전산 시스템 용량을 수요에 맞추어 조절하고, 상품 공급사·고객·관계사와 주고받는 서비스에 연계해 시스템을 확장하는 전자 상거래 기업은 그 대표적 예가 될 수 있다. 가상현실을 이용해 고객에게 잠수 체험을 제공하는 탐험 전문 여행사의 경우를 생각해보자. 예비 고객이 코수멜(Cozumel)의** 바닷속을 화면을 통해서 둘러보려면 여행사는 해당 위치의 지형 정보와 그래픽 정보를 데이터베이스에서 가져온 뒤 이를 3차원 그래픽으로 만들고, 여행 관련 추가 정보를 화면에 더하고, 현지의 실시간 영상도 통합해서 동영상으로 만들어내는 소프트웨어를 보유해야 한다. 이 모든 일을 혼자서 해낼 수 있는 여행사는 세상에 없다. 하지만 컴퓨터 그리드 기술을 이용하면 해당 기능을 전문적으로 제공하는 여러 공급자에게서 필요한 자

**카리브해에 있는 섬.

원을 가져와 조합함으로써 저렴한 가격에 이를 만들어낼 수 있다.

그리드 시스템은 소규모의 전문적 분야에도 매력적이다. 의사는 환자의 엑스선 촬영 화면을 다른 몇백만 환자의 엑스선 화면과 비교함으로써 초기 진단을 도울 수 있다. 생화학자가 1만 가지 신약을 검토하는 데도 지금처럼 1년이 아니라 한 시간이면 충분하다. 토목 엔지니어의 내진 교각 설계도 몇 개월이 아닌 몇 분이면 가능할 것이다.

사실 전 세계적으로 연결된 컴퓨터 그리드라는 개념은 인터넷의 확장판이다. 인터넷은 사용하는 단말기의 종류, 사용자의 위치에 관계없이 인터넷에 연결된 사용자나 기기를 연결할 수 있도록 통신을 가상화한 것이다. 인터넷이 불러온 변화는 혁명적이다. 이메일, 웹, 카자(KaZaA) 같은 파일 공유 시스템을 포함한 P2P(peer-to-peer : 동등 계층 간 통신망) 시스템, SETI@home, FightAIDS@home, Smallpox Research Grid 같은 단순한 분산 처리 시스템 등은 몇 가지 예일 뿐이다. 컴퓨터 그리드 개발의 목적은 컴퓨터와 정보의 사용을 가상화해서, 여기에 연결된 어떤 사용자도 이를 이용한 소프트웨어 서비스를 만들어 다른 사용자에게(이 점도 마찬가지로 중요하다) 제공하게끔 함으로써 본질적으로는 별개로 존재하는 서비스가 모였을 때도 안정적일 수 있게 하는 데 있다.

필자는 컴퓨터가 인간의 지능을 자극하는 효과에 관심을 가지면서부터 컴퓨터 그리드에 흥미를 느끼게 되었다. 1990년대 초반, 필자는 DOE 산하 아르곤국립연구소(Argonne National Laboratory)에서 과학 계산용 프로그램을 개발 중이었다. 당시는 고속 네트워크 개발 초기였는데 컴퓨터를 비롯한 디지털 장비를 네트워크로 묶을 수 있다면 과학 관련 업무에 혁신이 일어나리라는 점은 자명했다. 일례로, 멀리 떨어져 있는 실험 장비와 컴퓨터를 연결하면 실시간 데이터 분석이 가능해진다. 또한 여기저기 분산되어 있는 데이터베이스를 결합해 이전에는 알 수 없었던 정보를 찾아낼 수 있다.

1994년, 나는 다시 분산 컴퓨팅 연구에 집중하기로 했다. 아르곤국립연구소 동료 스티븐 튀크(Steven Tuecke), 당시 캘리포니아공과대학 연구원이었고 지금은 남캘리포니아대학 정보과학연구소(Information Sciences Institute) 그리드기술센터(Center for Grid Technologies) 원장인 칼 케슬만(Carl Kesselman)과 함께 전 세계적으로 과학 분야 업무 협력이 가능하게 해주는 소프트웨어 시스템 개발 프로젝트를 시작했다. '글로버스 프로젝트(Globus Project)'라는* 거창한 이름의 프로젝트였다.

*globus는 globe(지구, 구)의 라틴어.

분산 컴퓨팅은 오래된 아이디어다. 그리드 시스템에서 찾아볼 수 있는 개념은 대부분 인터넷 탄생 이전에 이미 나와 있었다. 1960년대 중반, 시분할(time-sharing) 운영체제의 아버지라 불리는 페르난도 코바토(Fernando Corbato)는, 당시로서는 혁명적이었던 멀틱스(Mutiplexed Information and Computing Service, Multics) 운영체제를 '공공 컴퓨팅 도구(computing utility)'라고 표현한 바 있다. 금융과 항공 업계는 아주 정교한 분산 시스템을 몇십 년간 운용해오고 있다. 하지만 우리는 '과학계의 필요'라는 새로운 각도에서 문제를 바라보면서 접근했다. 경험적으로 볼 때 과학 연구에서 흔히 나타나는 극단적 요구와 혼란은 충분히 혁신의 동기가 될 수 있었다. 고에너지 물리학자와 함께 작업하던 컴퓨터 과학자 팀 버너스리(Tim Berners-Lee)가 연구 중 정보를 공유하는 범용 시스템을 만들어내겠다고 생각한 것과, 그가 월드와이드웹(World-Wide-Web)을* 만들어낸 사실이 전혀 별개가 아니라는 뜻이다.

*흔히 줄여서 웹(web)이라고 한다.

우리의 경우에는 가상 조직(virtual organization, 이하 VO)이라 부르는, 서로 다른 연구 기관에 소속된 과학계의 여러 연구 그룹에 체계적으로 정보를 공유하는 기술이 필요하다는 사실을 알고 있었다. 월드컵 대회가 개최되면 소속팀에서 차출된 축구 선수들이 대표팀을 구성해서 연습하고 대회에 참가한다. 이처럼 동일한 연구 기관에 소속되어 있지 않은 이 VO들은 조직적·정치적으로 여러 가지 문제를 만들어냈다. 하나의 과제를 연구하는 VO 참여자들이 협업하려면 정보, 컴퓨터, 저장 장치, 소프트웨어를 체계적으로 공유해야 한다. 그렇지만 이들은 같은 유니폼을 입거나 같은 언어를 사용하거나 같은 규칙을 따르지 않아도 될뿐더러 심지어 같은 일을 하지 않는 경우도 있었다.

필자는 케슬만, 튀크와 함께 새로운 시스템을 이용하지 않고 개별 컴퓨터를 연결해 VO 구조를 이뤄내는 새로운 통합 소프트웨어 구조를 구상했다. 이 소프트웨어에서는 사용자 식별, 작업 요청 자격 판단, 자원의 정의와 이용, 데이터 이동 등 다양한 기능을 표준화해서 목표 달성을 할 수 있으리라 보았다.

1-4

VO 프로그램은 기존 구조에서 동작하기 때문에 추가 비용 부담은 그리 크지 않을 것이라는 판단도 있었다.

초기의 그리드

생각보다 빠르게 개발이 진행되었다. 1994년 말, 아르곤국립연구소 수학 및 컴퓨터과학 분야 책임자 릭 스티븐스(Rick L. Stevens), 일리노이주립대학 시카고 캠퍼스 전자영상화연구소(Electronic Visualization Laboratory) 소장 토머스 데판티(Thomas A. DeFanti)가 11개의 고속 연구용 컴퓨터 네트워크를 슈퍼컴퓨팅(Supercomputing) '95 학회가 열리는 2주일 동안 연결해서 미국 전국을 대상 범위로 하는 그리드 '아이웨이(I-WAY)'를 만들자고 제안했다. 과학자들이 이에 대해 제시한 적용 대상 문제는 60여 가지에 달했다.

스티븐스와 데판티는 필자를 비롯한 아르곤국립연구소의 몇몇 동료에게 아이웨이에 참여한 17곳을 하나의 가상 시스템으로 묶는 소프트웨어를 개발하자고 설득했다. 이것이 실현되면 사용자들은 미국 전역의 컴퓨터를 이용해 자신에게 필요한 프로그램을 수행할 수 있다. 일단 로그인을 한 후 적절한 컴퓨터를 지정하고, 시간을 예약하고, 프로그램 코드를 올려놓은 후에 진행 과정을 지켜보기만 하면 되는 것이다. 일례로 아르곤국립연구소 로리 프라이탁(Lori Freitag)이 이끄는 연구팀은 미국의 연소(燃燒) 엔지니어들이 협동해서 산업용 소각로 개선 작업을 하도록 네트워크를 만들었다.

아이웨이 실험은 대성공을 거두었고, 그 결과 많은 후속 연구가 뒤따랐다.

DARPA는 글로버스 프로젝트에 연구비를 지원해주었다. 우리는 1997년, 최초의 그리드 소프트웨어 글로버스 툴킷(Globus Toolkit)을 발표했고, 전 세계 80곳에서 작동 시범을 보였다. 그동안 미국국립과학재단에서는 대학의 연구진과 초고성능 컴퓨터를 연결하는 국가 기술 그리드(National Technology Grid)를 지원하기 시작했고, NASA는 비슷한 목적으로 인포메이션 파워 그리드(Information Power Grid) 프로젝트를 시작했으며, DOE는 그리드를 과학 연구에 적용하기 위한 초기 연구를 출범시켰다.

이후 2000년이 될 때까지 그리드 개념은 지속적으로 확산되었다. 유럽입자물리연구소(CERN)에 설치할 대형 강입자 충돌기(Large Hadron Collider)를 설계하는 고에너지 물리학자들도 충돌기 설치 후 얻게 될 방대한 양의 데이터를 분석하려면 반드시 그리드 시스템이 필요하다고 느꼈다. 그리드 기술을 이용하려는 여러 프로젝트가 이어졌는데 그중에서도 유럽의 데이터 그리드(Data-Grid), 미국의 그리드 피직스 네트워크(Grid Physics Network), 파티클 피직스 데이터 그리드(Particle Physics Data Grid)가 주목할 만하다. 그 후 계속해서 그리드 관련 기반 시설, 사용자 커뮤니티, 새로운 응용 소프트웨어 등 그리드 관련 개발에 박차가 가해졌다.

국제적 협력이 수반되는 과학 연구를 무리 없이 진행하려면 컴퓨터 자원을 공유하기 위한 기반 시설이 매끄럽게 작동해야 한다. 글로버스 툴킷이 이러한 시스템의 개발에 매우 요긴하게 쓰이긴 했어도 그리드 시스템이 더 많은 사용자를 수용하려면 사용자들끼리 체계적으로 기술 표준을 정하는 것이 매우

1 – 더 빠르게, 더 똑똑하게, 더 저렴하게

중요하다는 사실이 드러났다. 그러므로 1998년에 우리들 몇몇이 시작했던 모임이 2년 뒤 그리드 관련 표준을 제정하는 국제적 사용자 모임인 국제그리드포럼(Global Grid Forum)으로 자리 잡은 것도 자연스런 현상이었다.

그리드 이용하기

그리드 기술은 상하수도 같은 여느 기반 시설이 으레 그렇듯이 이를 사용하느라 힘들여 공부할 필요가 없는 기반 시설이다. 몇몇 프로젝트에서 그리드 시스템을 이용한 것도 주목할 만하다.

갈릴레오가 목성을 망원경으로 들여다본 이후로 천문학자들은 오랫동안 천문대에서 추운 밤공기와 싸워야 했다. 그러나 신세대 '연구실 천문가(armchair astronomer)'들은 컴퓨터와 센서 기술의 발달을 만끽하고 있다. 이들은 추운 밤 홀로 외로이 떨면서 밤하늘을 들여다보는 대신 낮에 편안하게 컴퓨터에 업무를 지시한다. 이런 신세대 천문가들에게 문제가 되는 것은 오히려 방대한 양의 관측 자료를 분석하고 저장할 소프트웨어, 저장 공간, 네트워크, 컴퓨터 확보 등이다.

시카고대학, 페르미연구소(Fermilab), 위스콘신대학 매디슨 캠퍼스는 이런 관측 자료 가운데 하나인 슬론 디지털 스카이 서베이(Sloan Digital Sky Survey) 프로젝트에서 얻은 자료의 분석에 그리드 기술을 사용할 방법을 찾고 있다. 밤하늘의 4분의 1을 대상으로 하는 이 우주지도에는 1억 개 이상이나 되는 천체의 절대 밝기와 위치가 표시된다. 미국 전국에 분산된 컴퓨터들을 연결 사용하면 지금까지 1주일이나 걸리던 작업을 원두커피 한 잔 내리는 시간에 끝내게 될 것이다.

우주 탄생 이론을 연구하는 우주론 학자들이 관심을 가질 만한 은하단(galaxy cluster)의 데이터베이스는 이미 만들어졌다. 다음 차례는 소행성의 지구 충돌에 대비해 모두가 관심을 가질 만한 주제로, 바로 지구와 비슷한 천체를 찾는 일이다. 이는 여러 나라의 다양한 천문학 관련 데이터베이스를 연결해서 국제적 가상 천문대로 만드는, 국제적 협력이 훨씬 더 많이 필요한 사안이다.

그리드 기술은 이미 디지털 영상을 이용함으로써 환자의 흉부 촬영 결과를 시간을 초월해 다른 많은 환자의 결과와 비교하는 임상의학 분야에서도 주목받고 있다. 그런데 촬영 장비의 성능이 급격히 향상되면서 처리할 영상 데이터의 양도 함께 폭증하고 있다. 전문가들은 현재 최초로 촬영된 흉부 촬영 사진 약 5분의 1이 오진되는 것으로 추정한다. 게다가 이전에 촬영된 영상을 찾지 못하는 경우도 20퍼센트나 된다. 미국의 디지털 흉부 영상 보존(National Digital Mammography Archive) 프로젝트와 영국의 이다이아몬드(eDiamond) 프로젝트 등은 디지털 영상 도서관을 만들려는 시도의 일환이다. 이 같은 그리드 시스템은 자동화된 진단이 가능한 첨단 분석 도구를 의사와 연결해주고, 연구자들이 질병과 환경, 생활 습관의 관계를 심도 있게 살펴볼 기회를 제공한다.

의료와 관련된 또 다른 영상 그리드인 미국 생리의학정보 연구네트워크

(Biomedical Informatics Research Network)를 이용하면, 다양한 방법으로 습득한 신체 촬영 데이터와 여러 데이터베이스에 수록된 뇌 영상을 비교할 수 있다. 그리드 시스템을 이용하면 "알츠하이머병 환자의 뇌 구조는 건강한 사람의 뇌 구조와 무엇이 다른가?" 등의 질문에 답을 얻을 수 있다.

그리드 시스템을 실험에 효과적으로 이용한 사례를 미국 지진공학 모의실험 네트워크(Network for Earthquake Engineering Simulation, 이하 NEES)에서 찾아볼 수 있다. 내진 구조물을 설계하는 토목 엔지니어들은 진동 테이블과 원심분리기가 설치된 시설에서 설계안의 타당성을 검증한다. 8,200만 달러 규모의 NEES 그리드 프로젝트 일부는 기존 및 신규 시험 시설과 데이터 보관소, 컴퓨터, 전국적인 관련 사용자들을 연결하는 것이다. NEES 그리드를 이용하면 연구자들은 자신의 위치에 관계없이 현재 진행되는 시험에 참여할 수 있다. 2003년 여름을 목표로 캘리포니아주와 일리노이주에서 교각 기둥에 관한 시험을 동시에 실시하려는 계획이 진행 중이다. 이 시험이 실행되면 네트워크를 통해 교각에 가해지는 힘의 수준, 새로운 구조가 지진에 반응하는 결과 등의 데이터를 모으고 교환하게 될 것이다.

그리드는 현재 진행형이다

과학자가 아니어도 그리드 컴퓨터에 관심을 가진 사람들은 많다. 2000년 이후 아바키사(Avaki), 데이터시냅스사(DataSynapse), 엔트로피아사(Entropia), 후지쯔사(Fujitsu), 휴렛팩커드사, IBM사, NEC사, 오라클사(Oracle), 플랫폼사(Platform), 선사(Sun), 유나이티드디바이스사(United Device) 등 여러 회사에서 그리드 컴퓨터를 제품화했다. 이에 따라 제품 홍보나 사업 계획서에서 '유틸리티 컴퓨터(utility computing)' '주문형 e-비즈니스(e-business on demand)' '전 지구적 컴퓨터(planetary computing)' '자율형 컴퓨터(autonomic computing)' '기업용 그리드(enterprise grids)' 등의 문구를 어렵지 않게 찾아볼 수 있게 되었다.

그러나 선뜻 관심을 갖기 전에, 이 분야는 기본적으로 아직 충분히 개발되지 않은 소규모 벤처 사업이라는 점 그리고 연결된 컴퓨터를 관리하면서 지속적으로 맞닥뜨리게 될 여러 문제점과 비용을 염두에 두어야 한다. 사용자들은 자신의 컴퓨터에 소프트웨어를 설치하고 유지하고 문제가 생겼을 때 이를 해결하고 업그레이드를 하는 데 엄청난 시간을 투자하며, 이런 일이 누적되면 컴퓨터의 무탈한 운용은 어려워진다. 그리드 컴퓨터는 생산과 소비의 분리로 이런 문제를 극복하므로 특정한 기능과 보편적 서비스를 일종의 원자재 개념으로 바꾸어놓는다.

이러한 목적을 달성하는 건 결코 단순한 일이 아니다. 하지만 제조업, 전력, 통신 등의 분야에서 이미 유사한 일이 일어났다. 예를 들면 자동차는 초기에 부호들의 취미였지만 오늘날 전 세계적 생산과 서비스망 덕택에 선진국에서는 누구나 자동차를 운전한다.

컴퓨터 업계에서도 유사한 일이 일어난다면 제조사, 유통사, 소비자로 이루어진 컴퓨터 생태계가 만들어질 것이다. 이로써 제조업자들은 규모의 경제로 인한 이익을 누리며 제품의 보안성과 내구성을 향상시킬 수 있다. 유통업자들은 소비자에게 필요한 것을 파악하고 효과적 자원 활용을 통해 고부가가치 서비스를 제공할 수 있다. 또한 소비자는 새로운 하드웨어와 원하는 응용 소프트웨어를 신속하게 누릴 수 있을 것이다.

그리드 컴퓨터가 실질적으로 자리를 잡으려면 여러 가지 혁신적 기술이 필요하다. 인터넷과 웹 덕택에 많은 사람들이 메시지를 주고받고 손쉽게 웹페이지를 찾아보게 되었으나 대규모로 연결된 그리드 컴퓨터를 실용화하려면 아직은 갈 길이 멀다. 사실 시작은 했어도 아직 자리를 잡지 못했다는 표현이 정확할 것이다. 서비스를 만드는 방법, 관련된 참여자들 간의 관계 정리, 그리드망 접속과 접속자 관리법, 전체적 작업 관리 등 아직도 불분명한 사항이 산적해 있다.

2002년, 그리드 관련 업계와 학계가 개방형 그리드 서비스 구조(Open Grid Services Architecture, OGSA)를 정하는 활동을 시작하면서 이 문제에 대해 커다란 발걸음을 내디뎠다. 이 시스템은 이미 널리 확산된 웹서비스 기술과 과학계가 개척한 그리드 기술의 통합을 목표로 한다.

그리드에 연결하기

앞서 예로 든 탐험 전문 여행사 스쿠버 투어즈(Scuba-Tours)의 사례를 통해 제대로 된 개방형 구조가 어떻게 능력을 발휘하는지 살펴보자. 한 고객이 코수멜에서 다이빙을 하고 싶어 한다. 스쿠버 투어즈는 고객이 고속 인터넷에 연결되어 있는지, 고객이 원하는 영상이 무엇인지 확인한 후 다중 사용자 게임 서비스를 제공하는 가상현실 서비스 공급회사 컴퓨터게임즈 Corp.(Computer Games Corp.)과 고객을 연결한다. 컴퓨터게임즈 Corp.은 사용자의 입력에 따라 바닷속 모습을 보여주는 동영상이 만들어지도록 데이터와 소프트웨어를 결합한다. 이때 동영상 만들기에 가장 적합한 상태인 컴퓨터를 그리드에 접속해서 찾아낸다. 그러고 나서 소프트웨어를 설치하면 고객은 원하는 위치의 바닷속 모습을 볼 수 있다. 사실상 컴퓨터게임즈 Corp.은 여러 공급자에게 받은 서비스를 결합해서 고객에게 전달해주는 중개자라고 할 수 있다.

물론 고객이 이 과정을 알 필요는 없지만, 이런 식의 서비스 제공이 쉬운 일은 아니다. 컴퓨터게임즈 Corp. 엔지니어들은 다양한 컴퓨터에서 수행이 가능하도록 미리 프로그램을 만들어놓아야 하고, 인터넷 속도와 컴퓨터 성능이 어느 정도 필요할지 미리 파악해야 한다. 이 과정에서 컴퓨터 이용과 관련된 정보교환 서비스를 제공하는 신뢰할 만한 '중개' 회사가 끼어든다. 컴퓨터 Inc.(Computers, Inc.)은 그리드에서 적절한 대상 컴퓨터를 찾은 뒤 정해진 약속에 따라 사용 가능 여부를 확인한다. 상대방이 해커는 아닌지, 작업비를 지불할 능력이 있는지, 법적인 회사가 맞는지 등 서로 믿을 만한 상대인지를 확인하고 컴퓨터의 수, 성능, 비용 등을 확인해 어떤 작업을 수행할지 결정하는 것이다.

컴퓨터 Inc. 장비에 접속하면 컴퓨터게임즈 Corp.은 자신의 소프트웨어를

1 - 더 빠르게, 더 똑똑하게, 더 저렴하게

1-4

그리드 컴퓨터에 설치하고 가상 다이빙 체험 과정을 관리한다. 그런데 고객이 바닷속에서 엉뚱한 방향으로 진행하려 할 수도 있고, 그리드에 있는 컴퓨터 중 일부가 정상적으로 작동하지 않을 수도 있다. 이럴 경우 컴퓨터게임즈 Corp.은 즉각 그리드에서 새로운 컴퓨터를 찾아 작업을 넘겨줌으로써 가상 체험 서비스가 계속되게 한다.

이 모든 과정에서 서비스 제공자, 중개자, 고객 사이에 사용되는 기술은 표준에서 벗어나지 않는다. 그리드가 서비스 요청자의 신원을 확인하는 방법, 사용료 계산, 지불 담당 체계 등도 필요하다. 글로버스 툴킷에는 이 모든 기능이 포함되어 있고, 국제그리드포럼 실무 그룹은 더욱 광범위하고 일반적인 표준을 만드는 중이다.

다른 산업계와 마찬가지로, 컴퓨터 서비스 분야에서도 표준화가 혁신과 경쟁에 불을 붙일 것으로 생각된다. 수많은 가정용 컴퓨터가 그리드로 연결되어 유용하게 쓰이는 상황도 가능하다. 사실 슬론 디지털 스카이 서베이에 사용된 컴퓨터의 약 절반이 콘도르(Condor)라는 이름으로 묶인 데스크톱 컴퓨터였다. 이미 데이터시냅스사, 엔트로피아사, 플랫폼사, 유나이티드디바이스사 등의 회사에서 데스크톱 컴퓨터와 그리드의 연결 기술을 내놓았다.

역설적이게도 그리드 컴퓨터의 성공 여부는 그리드 컴퓨터가 광범위하게 자리를 잡느냐에 따라 결정된다. 이러한 딜레마를 해결하는 방법은 핵심 기술을 공개하는 것이라는 점이 이미 입증된 바 있다. 그러므로 그리드 관련 사양이 누구에게나 공개되고, 관련 사양을 손쉽게 정할 방법이 있어야 한다. 글로버스 툴킷은 이런 요구 조건을 충족시킨다. 향후 그리드 컴퓨터의 확산과 진전은 학계와 업계, 투자자들의 움직임 그리고 그리드 개념과 통합된 상업용 소프트웨어와 관련 교육의 확산에 달려 있다.

그리드 컴퓨터의 전망

그리드 컴퓨터는 과학계의 공통된 이익, 기업 네트워크라는 우호적 환경을 효과적으로 이용해 성공할 수 있었다. 또한 이를 발판으로 순수하게 상업적 목표를 가진 분야에서도 확산되기 시작했다. 표준화가 투자와 혁신을 촉진하는 건 당연한 일이다. 향후 몇 년간 이 작업의 진전 여부에 따라 세계적으로 연결된 그리드 시스템이 자리 잡게 될 것이다.

한편 그리드 관련 연구자들은 새로운 문제와 씨름 중이다. 대규모로 분산된 그리드 시스템의 안정성을 확보하고 신뢰할 만한 서비스를 제공하는 것은 어떻게 가능할까? 사용자들은 어떻게 필요한 자원과 서비스를 손쉽게 이용할 수 있을까? 컴퓨터 성능이 급속히 향상되고 보급이 증가하는 상황에서 그리드 컴퓨터의 발전 방향은? 연구와 실제 경험을 통해서 그 답을 얻을 수 있다. 자동(autonomic), 유비쿼터스(ubiquitous), 사용자 간 직접 접속(peer-to-peer) 기술 등 관련 분야 아이디어도 도움이 될 것이다. 이러한 방식은 모두 미래 컴퓨터 환경 발전이라는 동일한 목표를 공유하기 때문이다.

1 – 더 빠르게, 더 똑똑하게, 더 저렴하게

2

생각하는 컴퓨터: 존재의 방법

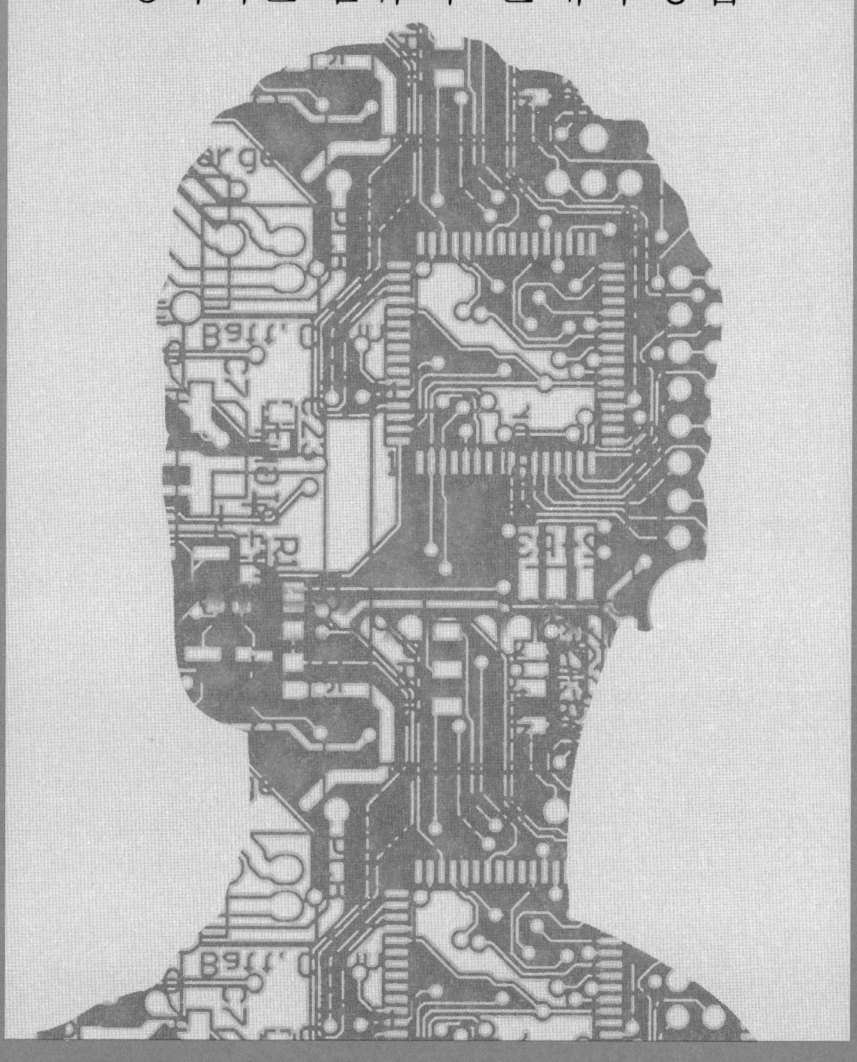

2-1 인공지능

마빈 민스키

처음에는 지능을 가진 컴퓨터라는 개념을 믿기가 어려웠다. 정말로 컴퓨터가 지능을 가질 수 있을까? 이제부터 컴퓨터가 지능을 가지는 것처럼 작동하는 몇몇 프로그램을 살펴보자.

지금까지의 성과도 주목할 만하지만 여태껏 달성된 프로그램의 수준보다 더 흥미롭고 중요한 것은 인공지능 구현 방법이다. 인공지능은 목표 설정, 계획 수립, 가설 세우기, 분석 등 다양한 지적 활동을 수행한다. 인간의 사고 과정을 컴퓨터 설계, 달리 말해 프로그램으로 구현할 수 있음을 발견함으로써 커다란 변화가 일어난 사례를 이 글에서 살펴볼 것이다.

1943년, 현재 사이버네틱스(cybernetics : 인공두뇌학)라 불리는 분야에 관한 이론적 논문 세 편이 발표된 것이 전환점이 되었다. 매사추세츠공과대학 노버트 위너(Norbert Wiener), 아르투로 로젠블루스(Arturo Rosenblueth), 줄리언 비글로우(Julian H. Bigelow)가 목표와 목적을 기계로 구현하는 것에 대한 논문을, 일리노이주립대학 의대 워런 맥컬럭(Warren S. McCulloch)과 매사추세츠공과대학 월터 피츠(Walter H. Pitts)가 컴퓨터가 논리와 관념을 어떻게 이용할 수 있는지에 대한 논문을 발표했다. 또한 케임브리지대학 크레이크(K. J. W. Craik)는 필자가 제안한 기계가 모형(模型)과 유추(類推)를 이용해서 문제를 풀 수 있다고 주장했다. 이 같은 새로운 접근과 더불어, 기계를 묘사하는 데 심리학적 용어를 쓰는 것이 상당히 건설적이고 강력한 도구가 되었다. 그러나 상당히 오랫동안 이런 아이디어는 이론적 영역에 머물러 있었다. 1950년대 중반이 되어서야 비로소 이러한 개념이 요구하는 내용을 감당할 만한 용량과 유연성이 있는 프로그램을 컴퓨터에서 수행할 수 있게 되었다.

1956년 여름, 일단의 연구자들이 다트머스대학에 모여 지능을 가진 컴퓨터를 만드는 것이 가능할지 논의했다. 이미 체커(checkers)* 게임용 프로그램을 만들어 몇 차례 개선을 거듭한 IBM사의 아서 사뮈엘(Arthur L. Samuel)도 여기에 포함되어 있었다. 수학의 정리(定理)를 증명하는 프로그램을 만든 랜드연구소(Rand Corporation)의 앨런 뉴얼(Allen Newell), 클리포드 쇼(Clifford Shaw), 허버트 사이먼(Herbert A. Simon)은 목표 탐색용 프로그램인 '범용 문제 해결기(General Problem Solver, GPS)'를 만들고 있었다.

* 격자 무늬판에 놓인 말을 움직여 상대방의 말을 모두 따먹으면 이기는 게임.

존 매카시(John McCarthy)는 상식 추론(commonsense reasoning) 시스템을 연구하고 있었고, 나는 평면기하학의 정리를 증명하는 프로그램의 개발 계획을 짜고 있었다(궁극적으로는 컴퓨터가 도표를 이용해 해석적 추론을 하게 만들 생각이었다). 모임 후에는 각자 연구를 진행했다. 뉴얼과 사이먼은 카네기공과대학에서 인간 행동 모형 개발 연구팀을 만들었다. 매카시와 나는 매사추세츠공과대학에서 인간 행동과는 특별한 연관성이 없는, 지능을 가진 컴퓨터를 연구하기 시작했다(매카시는 현재 스탠퍼드대학에 재직 중). 각각의 연구 그룹은 저마다 목표가 달랐지만 연구 결과가 매우 유사했다는 점이 의미심장하다.

컴퓨터 지능 분야는 연구와 연구자의 수라는 두 가지 측면 모두에서 급속하게 성장했다. 1963년까지 발표된 논문과 책의 숫자는 900종에 이르렀다.

체커 게임을 예로 들어 어려운 문제를 푸는 프로그램을 어떻게 만드는지 일반적 방법을 설명해보자. 이 게임을 분석해보면 다양한 문제들이 결국 모든 가능성을 시도해보는 방법으로 해결됨을 알 수 있다. 이 게임에서는 말을 움직일 수 있는 모든 수, 상대방이 말을 움지이는 모든 수, 상대방이 응수한 뒤 말을 움직일 수 있는 모든 수 등을 분석한다. 계속 이런 식의 분석이 가능하다면 게임에서 이기기 위한 최적의 수가 무엇인지 알 수 있다. 하지만 이 방법은 컴퓨터를 이용해도 현실성이 떨어진다. 모든 가능성을 다 나열해보면 대략 체커판 위에 있는 말의 모양에 따라 10^{40}가지 경우가 나온다(체스에서는 10^{120}가지 경우가 나온다). 각각을 모두 시도해보기에는 경우의 수가 너무 많다. 그러므로 문제를 풀려면 실질적으로 말을 움직일 가능성이 높은 경우를 재빨리 찾아내는 것이 중요하다.

사뮈엘이 만든 체커 게임 프로그램은 다뤄야 하는 경우의 수가 몇백만은 아니어도 1,000가지가 넘었다. 이 프로그램은 모든 경우의 수가 아니라 게임판 양쪽에 있는 말의 개수, 상대방 구역에 있는 말의 개수 등 몇 가지 단순한 기준을 적용해 일부 경우만을 정적 평가(static evaluation)로 분석한다. 이런 방법은 완벽하다고 볼 수 없으므로 이를 통해 현재 위치에서 가장 적절한 말의 움직임을 결정할 수는 없다. 그런데 정적 평가와 더불어 현재 위치에서 가능한 말의 움직임에 따른 탐색 결과를 조합하면 훨씬 더 심도 있는 분석에 의

한 것과 유사한 결과를 얻을 수 있다. 프로그램에는 말의 움직임 탐색을 계속할지, 중단할지에 대한 판단 기준이 되는 규칙 몇 가지가 내장되어 있다. 탐색이 끝나면 이 결과를 정적 평가에서 얻은 결과와 비교한다. 만약 컴퓨터가 이렇게 찾은 수가 상대방의 대응 수에 관계없이 몇 수 이내에는 더 유리하다고 판단하면 비로소 말을 움직인다.

여기서 흥미로우면서도 중요한 부분은 이런 프로그램이 단순한 시행착오 기법(trial-and-error)을 쓰는 것이 아니라는 점이다. 지적인 행태란 다음 행동을 결정할 때 상황을 판단해서 (항상 결과가 좋지는 않더라도) 타당한 움직임을 선택하고 이전에 얻은 정보를 향후 더 좋은 선택에 쓰이도록 만드는 여러 기법을 가리킨다. 물론 다음에 설명할 프로그램들도 단순한 탐색 기법을 쓰기는 하지만 몇백만 번의 시도가 아닌 단 몇 번 만에 결과를 찾는다는 점에 주목해야 한다.

이런 식으로 다음번에 어떤 선택을 할지 판단하는 프로그램을 휴리스틱(heuristic : 발견적) 프로그램이라고 부른다. 다음의 예를 통해 휴리스틱 프로그램에 본질적으로 체커 프로그램과 유사한 능력과 더불어 '생각(thinking)' 능력이 있다는 점을 분명하게 볼 수 있을 것이다.

휴리스틱 프로그램을 만들 때는 보통 상대적으로 복잡하지 않은 문제를 푸는 데서 시작한다. 더 어려운 문제를 풀려면 기본적 방법을 개선하는 것도 한 가지 방법이지만, 복잡하고 어려운 대상 문제를 분석해 단순한 문제로 나누는 방법을 찾는 편이 훨씬 효과적이다. 프로그램은 3단계로 구성되어 있다. ① 대상 문제(problem)를 분석해 부분 문제(subproblem)로 나누고 각 부분 문제 사이의 관계를 기록해 전체 문제를 파악하도록 한다. ② 부분 문제를 푼다. ③ 부분 문제의 답을 결합해 전체 문제의 답을 만들어낸다. 만약 여전히 부분 문제를 풀기 어렵다면 위의 과정을 부분 문제에 다시 적용한다. 연구 결과, 이런 식으로 문제에 접근할 때 가장 중요한 요소는 문제를 풀기 쉬운 부분 문제로 나눌 수 있도록 적절하게 표현하는 (문제를 서술하는 '언어'인) 것이다.

휴리스틱 프로그램의 다음 예는 언어를 이용해서 컴퓨터가 추론을 하는 방법을 보여준다. 이 프로그램은 매사추세츠공과대학 대학원생 토머스 에반스(Thomas Evans)가 박사학위 논문을 준비하면서 개발한 것으로, 서술과 유추를 컴퓨터 프로그램에 적용하는, 지금까지 만들어진 것 가운데 가장 뛰어난 방법이다.

대상이 된 문제는 기하학적 형태들 사이의 유사점을 인식하는 것이었다. 이 문제는 대학 입학시험에 종종 출제되는 문제에서 가져왔는데 문제 해결에 상당한 지적 능력이 필요하다는 이유 때문이다. 일반적으로 문제의 형태는 비슷하다. 서로 관계가 있는 도형 두 가지와 유사한 관계의 도형을 다섯 가지 보기 중에서 골라내는 것이다. 보통은 이런 식으로 문제가 서술된다. "A, B가 주어졌을 때 C와 D의 관계가 A와 B의 관계처럼 되려면 D는 D_1, D_2, D_3, D_4, D_5 중 어느 것이어야 하는가?" 컴퓨터의 지능을 판단하는 방법으로 이 문제가 매력적인 이유는 이 문제에 딱히 정해진 답이 없다는 데 있다. 사실 이런 문제의 풀이에 대한 평가는 정해진 규칙을 잘 적용하는지 여부가 아니라 문제를 받아 든 고도의 지성을 가진 사람들의 선택을 기반으로 이루어진다.

일반적으로 "컴퓨터는 문제 풀이의 모든 단계를 프로그래머가 정해놓았을 때만 문제를 풀 수 있다"는 그릇된 해석이 퍼져 있다. 추상적으로 볼 때는 맞는 말이지만, 문자 그대로 받아들이면 커다란 오해의 소지가 있다. 이 글에서 에반스의 프로그램 작성에 나타난 기본 개념을 살펴보겠지만, 프로그램을 실행하기 전까지는 인간과 비교해 컴퓨터가 어느 정도 결과를 내어줄지 전혀 알 수가 없다.

에반스는 기하학적 도형의 비교 문제를 풀고자 인간 두뇌가 동일한 상황에서 어떤 절차를 밟는지 먼저 분석했다. 그는 이 과정을 심리학적 용어를 이용해서 4단계로 구분했다. 첫째, 도형 *A*와 *B*의 특징을 비교하려면 *A*의 특성 설명을 *B*의 설명으로 변환할 수 있는 여러 방법 가운데 하나를 선택해야 한다. 이 변환이 *A*와 *B*의 특정한 관계를 규정한다. 이때 '타당하다'고 판단되는 경우가 여럿 있을 수 있다. 둘째, *C*에서 *A*에 해당하는 특성을 찾아야 한다. 이때도 서로 일치하는 특성이 여러 가지일 수 있다. 셋째, 다섯 가지 도형 각각에 대해 각 도형과 *C*의 관계를 *B*와 *A*의 관계처럼 설명할 수 있는 특징을 찾아야 한다. 관련성이 있긴 해도 완벽하지 않다면 덜 상세한, 수정된 관계를 받아들이는 방법으로 관련성을 '약화'시킬 수 있다. 넷째, 관계 설명의 수정이 가장 덜 필요한 도형을 선택해서 답으로 제시한다.

이 가설이 에반스가 만든 프로그램의 토대가 되었다. (모든 유추 과정에는 동일한 특성이 있다고 생각한다.) 그가 넘어야 할 다음 단계는 이처럼 복잡한 정신 추론 능력이 있는 프로그램은 그림 A에서처럼 겹쳐 있는 사각형과 삼각형을 그림 2처럼 인식하지 않고 그림 1처럼 별도의 사각형과 삼각형으로 인식할 수 있다. 그림 1의 도형들이 B에는 나타나지만 그림 2의 도형들은 보이지 않는다는 사실을 추론하는 것이다.

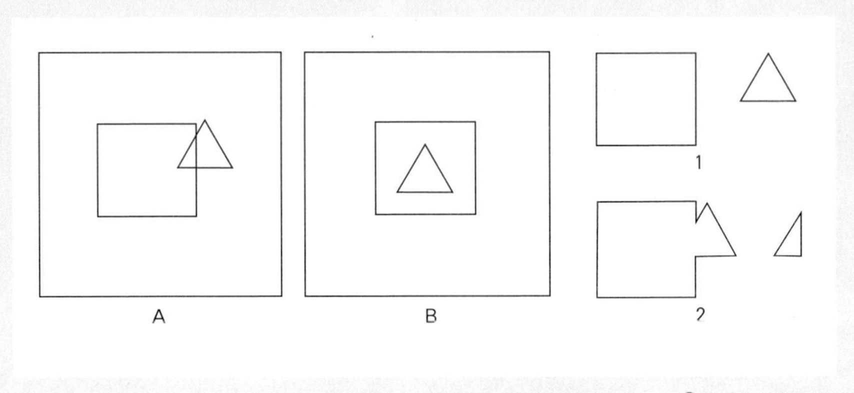

적 과정을 컴퓨터 언어로 서술하는 것이었다. 그가 만든 프로그램은 지금까지의 컴퓨터 프로그램 중에서 아마도 가장 복잡한 것이라고 할 수 있다. 프로그래밍 언어로는 매카시가 뉴얼, 사이먼, 쇼의 연구를 기반으로 만든 리스프(list-processor, 이하 LISP)가 쓰였다. 이 시스템은 표현과 복잡한 데이터 구조를 다루는 여러 가지 자동화된 기능을 제공한다. 특히 항목이 나열된 형태의 표현을 다룰 때 가장 편리한 방법이기도 하다. 또한 서로를 부프로그램(subprogram)으로 사용하는 프로그램의 작성에도 편리하다.

에반스가 만든 프로그램의 입력은 도형의 모서리, 선, 곡선 목록이다. 부프로그램이 이 정보를 분석하고 도형을 분해해서 그래프상의 점과 점을 연결한 선으로 재구성한다. 간단히 말하면 프로그램은 다음처럼 작동한다. 도형

(A, B, C와 다섯 가지 보기)의 설명이 입력되면 각각의 그림에서 (도형이 다른 도형 안에 있다, 도형이 다른 도형의 왼쪽이나 위에 있다 등) 기하학적·위상학적 유사점을 찾는다. 그러고는 도형 쌍(A와 B, A와 C, C와 D_1 등) 사이의 유사점을 찾아서 기록한다. 프로그램은 계속해서 A와 B가 쌍으로 엮일 수 있는 모든 항목을 찾고, 이 결과를 기반으로 A와 B의 관계(더해지고, 제거되고, 이동되고, 변형되어 한쪽 도형을 다른 한쪽의 도형으로 변환하는)에 대한 가설을 세운다. 이제 A와 C의 유사점을 살펴본다. 그러고는 A와 B의 관계와 같은 방식으로 C와 D의 각 그림들을 연결한다(답을 찾는다). A와 B의 관계를 나타내는 가설에 근접한 짝을 찾으면 A를 B로 변환하는 모든 과정을 두 관계(A와 B의 관계와 C와 D의 관계)가 완전히 같아질 때까지 하나씩 분리해가면서 C와 D의 관계가 A와 B의 관계와 얼마나 다른지 측정한다. 이런 방식으로 A와 B의 관계에 가장 가깝게 C와 D의 관계를 만들어내는 D를 골라낸다.

에반스의 프로그램으로 우리가 단계별로 풀이 과정을 살펴본 앞의 문제보다 복잡하거나 미묘한 문제도 풀 수 있다. 특히 그림의 세부 사항을 파악할 때 전체적으로 연역적 방법의 적용이 가능하다. 아무도 동일한 문제에 대해 인간과 기계의 성능을 비교해보지 않았지만 에반스의 프로그램은 현재로서도 컴퓨터가 고등학교 1학년 수준의 능력을 갖고 있음을 보여준다. 또한 이미 제안된 몇 가지만 개선하면 컴퓨터의 성능은 훨씬 향상될 것이다. 확보할 수 있는 컴퓨터의 성능이 한계에 부딪히면서 에반스는 작업을 멈춰야 했다. 프로그램 크기가 컴퓨터 한 대 수준을 넘어가면서 프로그램을 한 번 수행하는 데 몇 분씩 걸렸기 때문이다. 하지만 매사추세츠공과대학에 새로 설치된 프로젝트 맥(Project MAC) 컴퓨터에서는 몇 초면 이것이 가능하다. 새로운 장비를 활용하면 더욱 정교한 프로그램을 만들 수 있다.

에반스의 프로그램은 기하학적 해석이라는 한 가지 기능만 수행할 수 있다. 이 기능만 놓고 본다면 프로그램 수준을 인간의 능력에 비견할 만하다고 볼 수 있지만, 그 외에는 어떤 면에서도 인간 지능에 비할 바가 아니다. 하지만 비록 제한적이긴 해도 그동안 보통은 '직관' '취향'이라고 불렀던 행동 요소들이 프로그램에 들어 있는 것이 분명하다. 에반스가 이런 요소들을 분석하고 구성 요소를 밝혀낸 덕분에, 이를 상징적으로 표현하고 컴퓨터에서 이용하는 것이 가능해졌다. 에반스는 유추라는 요소가 포함된 프로그램이 앞으로 더 (적은 노력으로) 개발되는 기반을 마련한 것이다.

또한 유추가 인공지능 개발에 굉장히 중요한 도구라는 점이 명확해졌다. 내가 보기에 프로그램은 궁극적으로 유추를 이용함으로써 이전에 같은 종류의 문제를 풀면서 얻은 경험을 다른 종류의 문제에도 적용하리라 생각한다. 자신이 가진 어떤 방법으로도 풀 수 없는 문제가 컴퓨터에 주어졌다고 해보자. 이 경우 보통의 대응 방법은 컴퓨터가 문제를 여러 개로 나누고 각각의 문제를 풀어 전체 문제의 해답을 찾아내는 것이다. 그러나 어려운 문제는 이런 식으로 나누지 못할 수도 있고, 문제를 나누는 과정에서 혼란에 빠지는 바람에 문제를 엉뚱한 조각으로 나누기 십상이다. 인공지능이 아주 어려운 문제를 다루려면 무언가를 계획하는 능력, 다시 말해 적절한 전략을 찾아내는 능력이 반드시 있어야 한다.

여기서 의미가 분명치 않은 '계획'이란 대체 어떤 것일까? 몇 가지 유용한 정의를 내릴 수 있다. ① 주어진 문제를 유사하지만 더 간결한 형태로 바꾼다. ② 유사한 문제를 풀고 그 해결 단계를 기억한다. ③ 주어진 문제를 풀기 위해서 풀이 단계를 적절하게 변경한다. 이미 뉴얼과 사이먼은 이런 기능을 가진 간단한 프로그램을 만들었다. 인공지능 발전에는 이 분야를 연구하는 것이 가장 중요하다고 필자는 생각한다.

이제 프로그램이 지능을 가지고 있음을 보여주는 세 번째 사례를 보자. 이 프로그램은 영어로 쓴 정보를 다룰 수 있다.

현대적 컴퓨터가 만들어지면서부터, 자료 정리가 완벽하게 되어 있고 컴퓨터에 시킬 일이 잘 프로그래밍된 상태에서는 컴퓨터가 정보를 찾아내는 일에 아주 훌륭한 도구라는 점이 분명했다. 그런데 만약 실생활에서 그러하듯이 여기저기 정보가 흩어져 있고 인간의 다양한 표현 방식으로 기록되어 있다면? 이처럼 정형화되지 않은 정보를 다루는 일은 컴퓨터에 적합하지 않으리라 보는 것이 통상적 시각이다.

다니엘 보브로우(Daniel Bobrow)는 매사추세츠공과대학 박사학위 과정에서 이 문제를 정면으로 다뤘다. 컴퓨터가 제한된 범위의 영어를 이해하도록 프로그래밍할 수 있을까? 그가 선택한 주제는 고등학교 수학 문제의 문구였다. 컴퓨터가 이 문제의 해답을 구하는 일은 식은 죽 먹기였지만 보브로우는 컴퓨터가 문제를 읽고 이해해서 문제 풀이에 필요한 방정식을 유도해내는 데 관심이 있었다(방정식 풀기가 아니라 필요한 방정식을 찾아내는 일은 컴퓨터가 아닌 학생에게도 어려운 과제다).

이름이 스튜던트(Student)인 이 프로그램의 기본적 전략은 이렇다. 컴퓨터가 문제의 문장을 '읽어 들이고' 이 문장을 몇 개의 간단한 문장으로 바꿔 쓴다. 그러고는 이렇게 해서 만들어진 간단한 문장을 방정식으로 바꾼다. 마지막으로 방정식을 풀고 (간단한 영어 문장으로 다시 변환된) 답을 제시한다. 의미를 해석하는 이 모든 단계에서 (주 메모리에 저장된) 소프트웨어 라이브러리가 이용되었다. 여기에는 사전, 다양한 사실, 특정한 종류의 문제를 푸는 여러 개의 프로그램이 들어 있다. 보브로우는 자신이 몇 가지 기능을 추가한 LISP 프로그래밍 언어를 빅터 잉베(Victor H. Yngve)가 매사추세츠공과대학 언어 연구 과정에서 이전에 개발했던 기법과 함께 사용해서 프로그램을 만들었다.

컴퓨터는 영어 문장을 이해하려는 과정에서 쉽지 않은 문제들과 맞닥뜨린다. 대명사가 가리키는 명사를 알아내야 하고, 두 구(句)가 같은 의미를 가진다는 것도 인식해야 하며, 문장에서 필요한 정보가 빠져 있다는 사실도 알아채야 한다. 보브로우가 만든 프로그램은 한마디로 형식이 없는 대상을 모형화한 것이라고 할 수 있다. 이 프로그램은 정보를 아주 체계적으로 저장하지는 않으므로 (정보에 접근이 쉽고) 새로운 정보를 사전 아무 곳에나 추가할 수 있다. 내가 보기에 이 프로그램에서 기술적으로 가장 흥미로운 부분은 어쩌면, 언어 연구에서 득보다는 실이 많았던 문법(syntax)과 문장의 의미(semantics) 사이의 형식적 구분을 무시한 부분이라고 생각된다.

스튜던트 프로그램을 주목할 만한 이유는 이 프로그램이 반드시 영어가 아니어도 무엇이든 이해하는 기본적 능력이 있다는 점이다. 스튜던트는 수행 도중 어려움에 처하면 대부분 적절한 질문을 던졌다. 때때로 컴퓨터를 조작하는 사람에게 묻기도 했지만 대부분은 내부에 저장된 정보를 이용해서 어려움을 헤쳐나갔다. "메리는 메리가 지금의 앤 나이였을 때의 앤의 나이보다 나이가 두 배 많다"라는 문장이 주어졌을 때 프로그램은 "메리는 앤의 ○해 전 나이보다 두 배 많다. ○해 전에 메리는 지금의 앤 나이였다"라는 두 개의 간단한 문장으로 나눔으로써 원래 문장의 "~였을 때"라는 부분의 의미를 파악했다.

보브로우의 프로그램은 영어 문법의 일부만 다룰 수 있고, 문구의 의미를 이해하는 사전의 능력은 상당히 제한적이다. 언어적 측면에서 많은 오류가 존재할 수 있지만, 언어로 표현된 수학 문제를 이해하는 면에서는 사람들의 평균적 능력을 훌쩍 뛰어넘는다. 보브로우는 컴퓨터 메모리 용량만 충분하다면 스튜던트가 고등학교 수학 I 교과서에 나오는 문제 대부분을 이해하도록 만들 수 있다고 생각한다.

컴퓨터 프로그램으로 만든 인공지능의 또 다른 예로 매사추세츠공과대학 박사학위 논문을 위한 로렌스 로버츠(Lawrence G. Roberts)의 3차원 물체 인식 프로그램이 있다. 이 프로그램은 3차원 물체를 찍은 사진 한 장에서 대상 물체의 다양한 기하학적 특성을 찾아낸다. 이를 이용해 선의 조합으로 대상을 표현한 뒤, 표현된 내용을 단순한 요소(육면체, 프리즘 형상 등)의 결합으로 바라보며 분석한다. 이 분석이 끝나면 대상 물체를 임의의 각도에서 바라본 모습을, 원래 사진에서는 보이지 않는 선을 그리고 이런저런 각도에서는 보이지 않아야 할 선을 가리면서 만들어낼 수 있다. 또한 이 프로그램은 더욱 추상적인 기호 추론(symbolic reasoning) 기능을 갖는다.

인공지능 연구는 이제 막 시작 단계에 불과하다. 지금까지 언급된 수준 정도의 관련 연구는 약 30건이다. 각각의 연구에는 아이디어를 적용할 시간이 필요하고, 적용 범위는 매우 좁다. 어떻게 하면 더욱 기능이 다양한 프로그램을 만들 수 있을까? 기능이 각기 다른 여러 프로그램을 합치는 것만으로 이런 목적을 달성할 수는 없다. 모든 프로그램은 대상을 바라보는 시각과 개념이 달라서 서로 공통점이 거의 없다.

"왜 프로그램이 더 지능적이지 못한가?"라는 질문에는 지금까지 연구진, 시간, 컴퓨터 용량 등의 관련 자원이 충분하지 못했다고 간단히 답할 수 있다. (보통 연구 기간이 2~3년 정도로) 목표에 상당히 근접한 시도가 몇 건 있었지만 대부분은 프로그래밍 단계에서 곤란을 겪었다. 일부 프로젝트는 계획대로 진행되지 못했는데 이런 현상은 특히 자동번역 및 수학 정리의 증명과 관련된 프로젝트에서 두드러진다. 두 경우 모두 복잡한 형식을 다루기에는 아직 대상의 의미를 표현하는 기술이 미숙한 단계로 보인다.

프로그램을 결합하는 문제는 더 까다롭다. 이 분야 역사가 깊지 않아서 프로그램들이 중간 단계에서 결과를 교환하는 방법이나 이미 만들어진 프로그램을 목적에 맞게 적절히 수정하는 아이디어가 정립되어 있지 않은 것도 부분적으로는 이유가 된다. 이런 상황이 개선되지 않는다면 각각의 연구 결과를 하나로 통합하기 어려울 것이다. 그런데 필자의 연구소에 재직 중인 워런 테이틀먼(Warren Teitelman)이 도움이 될 프로그래밍 시스템을 개발했다. 이 방법을 이용하면 이전 프로그램에서는 수정하는 데 몇 주가 걸리던 것을 단 몇 시간으로 단축할 수 있다.

사람들은 종종 궁금해한다. 프로그램이 경험을 통해서 배우고 스스로 개선해 나아갈 수 있을까? 컴퓨터가 지능을 갖게 만드는 데 이 방법이 최선이 아닐까? 이 질문에 대한 답은 "Yes"이기도 하고 "No"이기도 하다. 지금과 같은 초기 단계에서도 인공지능 프로그램은 학습이라고 부를 만한 과정을 다양하게 사용한다. 프로그램들이 다른 문제를 풀 때 사용했던 방법을 기억하고 이용하는 것이다. 또한 이전에 서로 관련된 적이 있던 기호를 '연계(associate)' 하기도 한다. 하지만 어떤 프로그램도 원래의 기본적 구조에 의미 있는 변경을 만들어내지는 못한다. (자율 조정self-organizing 프로그램을 만들려는 초기의 몇몇 시도는 불규칙적인 시행착오에 과도하게 의존하는 바람에 모두 실패했다. 카네기 연구소Carnegie Institute가 자신들이 개발한 일반 문제 해결기의 서술 능력을 개선하려 한 최근의 시도는 훨씬 그럴듯한 아이디어를 바탕으로 한다. 이 프로젝트는 프로그램끼리의 정보교환이 어려워서 중단된 상태지만, 현재의 프로그래밍 도구를 이용하면 완료할 수 있을 것이다.)

프로그램이 스스로 개선하는 능력을 가지려면 적어도 스스로의 문제 해결 과정과 개선의 필요성에 대한 기본적 이해 능력이 있어야 한다. 컴퓨터가 이런 능력을 갖지 못할 태생적 이유는 없다. 프로그램이 주어진 문제 해결 능력을 스스로의 개선에 써서는 안 될 이유가 없는 것이다. 현재의 프로그램은 이런 점에서 아주 뛰어나다고 보기 힘들다. 그저 자신보다 훨씬 간단한 프로그램만 개선할 수 있는 수준에 불과하다.

일단 자기 개선 능력이 있는 프로그램이 만들어지면 그 후 엄청난 속도로 발전이 이루어질 것이다. 프로그램이 자신과 자신의 구조를 개선한다면 컴퓨터에서 '의식(consciousness)' '직관(intuition)' '지능(intelligence)'과 관련된 모든 현상이 시작될 것은 불을 보듯 뻔한 사실이다.

우리가 이런 수준에 얼마나 다가갔는지는 알 수 없지만, 언제가 되든 그 단계에 이르면 세상은 그때까지 알던 곳과는 전혀 다른 곳이 될 것이다.*

*아직 소프트웨어가 스스로를 변경하는 수준에는 도달하지 못하고 있는 것으로 보인다.

이 글에 나오는 사례만으로는 컴퓨터가 지능을 갖게 될지 확신하기 어려운 것이 당연하다. 그러나 과연 컴퓨터의 지능이 발달하다가 거의 인간 수준에 이르면 발달이 멈출까? 인간이 지혜나 위트 면에서 컴퓨터보다 항상 뛰어나리란 생각이 당연할까? 컴퓨터를 완전히 장악하건 그렇지 못하건 간에 인간이 행동하고 살아가는 모습은 지적으로 우월한 존재의 출현에 의해서 극단적으로 변하게 될 것이다, 인간이 그것을 원한다면…….

2-2 컴퓨터에 의식이 있을까?

크리스토프 코흐·줄리오 토노니

IBM사의 왓슨이 TV 퀴즈 쇼 〈제퍼디〉의 챔피언을 이기는 것을 보면 컴퓨터가 점점 지능을 가진 인간에 가까워지고 있음이 분명하다. 그러나 컴퓨터의 자료 분석 능력이 사람이 대적 못할 속도인데도 아직까지 많은 사람들은 컴퓨터가 사람처럼 카메라 앞에 놓인 다양한 형상과 색상을 정말로 보는지, 마이크를 통해 입력된 질문을 정말로 듣는지, 무언가를 느끼는지, 의식(consciousness)이 있는지 의문을 품고 있다.

컴퓨터에 의식이라는 표현하기 어려운 능력이 있는지 알아낼 수 있을까? 우리의 방법은 오직 의식을 가진 기계만이 평범한 사진에 나오는 장면이 '옳은지' '그른지' 주관적 이해를 보여줄 수 있다는 전제에서 출발한다. 몇 가지 사실을 조합해서 사진의 내용이 타당한지 알아내는 능력은 의식의 핵심적 요소다. 예를 들면 에펠탑 꼭대기에 코끼리가 올라가 있는 사진은 그르다. 그러나 전산실을 가득 채운 IBM사의 슈퍼컴퓨터는 여전히 어떤 장면의 의미를 파악하는 능력이 없다.

지각 능력이 있는 기계의 특징을 이해하면 인간 두뇌의 작동 방식을 이해할 수 있다. 이를 통해 공상과학소설에 나오는 것처럼, 인류가 만들어낸 지능을 가진 존재와 함께할 미래에 대비할 수도 있다. 또한 이러한 이해는 역사적 철학자들을 괴롭혔던 심오한 질문을 떠올리게도 한다. 대체 의식이란 무엇인가?

2-2

인간인가 로봇인가?

오랫동안 철학자들은 신화 속 점토 인형이건 상자에 들어 있는 기계건 간에 인간이 만들어낸 존재가 무엇인가를 느끼고 경험할 수 있는지 고심했다. 그러다가 2차 세계대전 때 나치의 잠수함이 쓰던 암호 에니그마(Enigma)를 해독한 영국 수학자 앨런 튜링(Alan Turing)이 인공지능 분야를 개척하는 논문을 1950년에 발표한다. 《마인드(Mind)》지에 실린 글에서 튜링은 불가능하게만 보이던 "기계가 생각할 수 있을까?"라는 질문을 "자판을 통해서 대화하면 사람과 구분되지 않는 기계를 만들 수 있을까?"라는 훨씬 실질적 형태의 질문으로 바꿔놓았다.

오늘날 튜링 테스트는 컴퓨터 스크린으로 인간 및 프로그램과 일상적 언어인 '자연어(natural language)'로 대화하는 심판을 통해서 이루어진다. 심판과 상대방의 대화 주제는 어떤 것이든 상관없다. 적당한 시간이 지난 뒤 심판이 상대방이 사람인지 아닌지 판단할 수 없고, 적어도 상대방이 사람에 근접한 지능을 갖는다고 여기는 수준이라면 튜링 테스트에 합격하는 것이다. 그간 인공지능을 가진 대화 로봇(chatterbot), 즉 지적 대화를 나누도록 만든 대화 프로그램이 심판을 잠깐 동안 속인 적이 있지만 그 시간은 길지 못했다.

우리 둘은 컴퓨터 과학자로서가 아니라, 주관적 경험에 대한 뇌의 반응에 관심이 있는 신경생리학자로서 '의식이 있는 기계'라는 질문과 마주했다. 우리는 뇌에 이상이 있는 지원자나 환자의 뇌를 단층촬영했고 뇌파검사(electroencephalography, 이하 EEG)를 이용해 뇌파를 기록했다. 또한 설치류를 비롯한 몇몇 동물의 뇌도 조사했다. 그 과정에서 우리와 여러 동료들은 의식과 뉴런(neuron : 신경세포)의 관계에 관심을 집중했다. 극미(極微)한 뇌의 메커니즘은 화려한 오렌지빛 석양 바라보기 등의 특정한 의식적 감각(conscious sensation)을 일으키기에 충분하다. 그러나 최근까지도 이 분야에는 뇌 손상을 입은 환자, 태아, 쥐, 실리콘으로 만든 물건(컴퓨터)이 의식을 갖고 있는지를 체계적으로 판단하는 이론이 존재하지 않는다.

통합의식 정보 이론(integrated information theory of consciousness) 접근법도 살펴볼 만하다. 이 이론은 의식을 결정하는 핵심 요인에 주목한다. 많은 사람들이 주관적·현상적 상태가 일상의 경험을 형성한다고 직관적으로 생각한다. 각자가 맡는 냄새, 눈으로 본 장면, 생각이나 회상을 지극히 개인적인 방법으로 체험하는 방법 등 이 경험은 어떤 식으로건 뇌가 감각기관을 통해서 받아들인 정보를 기억과 결합해서 세상에 대한 응집력 있는 그림으로 만들어 낸다. 이런 직관을 더 자세히 설명할 수는 없을까?

통합의식 정보 이론은 두 가지 공리(公理, axiom)를 전제로 이에 접근한다. 첫째, 의식은 고도의 정보를 제공한다. 왜냐하면 특정한 의식 상태란 저마다의 특징을 가진 방대한 의식 상태를 배제하고 있기 때문이다. 관람한 영화의 모든 프레임을* 생각해보자. 각각의 프레임은 특정한 상태를 인식해서 의식한 결과다. 관람자가 어떤 특정한 프레임을 떠올릴 때 뇌는 이와 관계없는 무수히 많은 영상에 대한 의식을 배제한다. 깜깜한 방에서 잠에서 깨는 경우를 생각해보자. 언뜻 생

*1초에 24장, 혹은 몇십 장에 이르는 각각의 정지 화면.

각하기에 이를 가장 단순한 시각적 감지 경험이라고 할 수 있다. 하지만 새까만 방수도료로 사방을 칠해놓아 주변이 잘 보이지 않는다는 것을 지각한다면, 빛이 들어오지 않을 정도로 나무가 울창한 정글을 비롯해 수없이 많은 장면을 머리에 떠올리게 되어 있다.

두 번째 공리는, 의식이 받아들인 정보는 축적된다는 것이다. 우리는 친구의 얼굴을 인식하는 순간 그가 우는지, 안경을 썼는지 바로 알아챌 수 있다. 시야의 왼쪽 반이나 오른쪽 반만을 보거나 흑백으로 보는 건 의지로 되는 일이 아니다. 의식이 받아들인 장면은 장면 전체로 기억된다. 눈에 보인 장면의 요소들을 분리해서 따로 기억할 수는 없다.

이처럼 의식이 갖는 통합적 현상은 뇌의 관련 부위가 서로 다양하게 반응하면서 일어난다. 마취되거나 깊은 잠에 빠졌을 때처럼 뇌의 일부분이 다른 부분과 단절되면 의식은 희미해지거나 사라진다.

의식적이기 위해서는 구별 가능한 상태에 대한 매우 방대한 목록을 가진 단일하고 통합된 통일체가 될 필요가 있다. 이는 정보의 정의이기도 하다. 어떤 시스템이 통합된 정보를 저장하는 용량, 즉 의식을 가질 수 있는 용량은 시스템 각 부분의 정보보다 얼마나 많은 정보를 갖느냐에 따라 결정된다. 이 값 Φ(phi)는 이론적으로는 뇌, 로봇, 수동 온도 조절 장치 등 무엇에서도 구할 수 있다. Φ가 어떤 시스템을 부분의 조합으로 나타내는 단순화 불가성(irreducibility)이고 그 단위가 비트(bit)라고 하자. 의식과 Φ의 수준이 높으려면 시스템이 아주 전문화되고 잘 조합된 부품 조합이어서 각 부품이 개별적으로 작동할 때보다 합쳐졌을 때 성능이 더 좋아야 한다.

어떤 시스템의 구성 요소가 디지털카메라의 화상 센서나 컴퓨터 메모리처럼 다른 구성 요소와 크게 상관이 없다면 Φ의 값은 낮다. 구성 요소들이 똑같은 동작을 할 경우에도 각 요소가 전문화되어 있지 않고 중복된 것이므로 Φ가 낮다. 구성 요소들의 연결이 무작위하게 일어날 때도 마찬가지다. 그러나 각각의 기능을 하는 수많은 뉴런들이 연결된 뇌 대뇌피질(cerebral cortex)의 Φ는 높다. 이런 접근 방식을 금속 상자에 담긴 반도체 회로에도 적용할 수 있다. 충분히 복잡하게 트랜지스터와 메모리를 연결한 컴퓨터는 뇌처럼 수준 높은 통합 정보를 가질 수 있다.

Φ를 컴퓨터의 회로에서 측정하는 어려운 일을 하지 않고도 컴퓨터가 지각(知覺)이 있다는 사실을 알아낼 방법이 있을까? 실제로 어떻게 테스트를 해야 할까? 여섯 살짜리 어린이라면 어렵지 않게 해낼 만한 과제를 수행시키는 것도 정보 통합 능력을 확인할 수 있는 방법 가운데 하나다. "이 그림에서 잘못된 부분을 찾으시오"라고 질문하는 것이다. 단순한 질문이지만 이에 대답하려면 상당한 수준의 지식이 필요하다. 신용카드 사기를 방지하려고 사용자의 얼굴 인식 알고리즘을 내장한 고성능 컴퓨터보다 훨씬 더 맥락적 의미를 잘 파악해야 하는 것이다.

"백문이 불여일견"이라는 속담에서 알 수 있듯이, 물체나 풍경을 찍은 사진은 엄청나게 복잡한 관계로 얽힌 화소와 화면 구성 요소로 되어 있다. 어린 시절에 발달한 시각 기능, 신경 기능에 평생의 경험이 결합되어 인간은 자신이

본 화면 내용이 자연스러운지 아닌지 순식간에 판단한다. 질감, 원근감, 색채, 구성 요소의 공간적 관계 등이 자연스러운가?

컴퓨터로서는 영상 속 정보가 논리적인지 아닌지 판단하는 식의 영상 해독이 데이터베이스를 이용한 대화보다 훨씬 어렵다. 특정 게임에서 컴퓨터가 인간을 이길 수는 있지만 사진을 보고 내용을 설명하는 식으로 임의의 질문에 답하는 능력은 여전히 부족하다. 왜 그런지는 정보 통합의 수준을 보면 알 수 있다. 오늘날 컴퓨터 하드디스크의 용량은 인간이 평생 기억하는 내용을 담고도 남을 정도지만, 하드디스크에 담긴 정보는 통합된 것이 아니다. 정보 통합이라는 측면에서 볼 때 컴퓨터 시스템의 각 부분은 서로 그다지 연계되어 있지 않다.

투명한 소의 사진

일례로, 컴퓨터에 저장된 책상 사진을 생각해보자. 컴퓨터는 여러 물건이 책상에 놓여 있는 이 사진에서 왼쪽에 모니터가, 오른쪽에 태블릿 PC가 있는 모습이 말이 되는지 안 되는지 알지 못한다. 컴퓨터와 태블릿 PC가 키보드 대신 가운데 화분에 연결된 모습, 태블릿 PC가 책상 위에 떠 있는 모습이 얼토당토않다는 사실도 마찬가지다. 다른 사진들 대다수의 오른쪽이 잘못된 것도, 사진의 오른쪽과 왼쪽이 연결된다는 사실도 전혀 모른다. 컴퓨터에 있어서 사진은 세 가지 색깔의 화소(적·녹·청)가 서로 아무런 연관이나 의미 없이 수없이 늘어서 있는 것에 불과하다. 하지만 사람은 화소를 비롯해 사진 속 여러 물체가 다양한 수준에서 연계되어 있는 것으로 받아들인다. 사진의 어느 부분이 자연스럽고 어느 부분이 부자연스러운지도 파악한다. 이처럼 관련 정보가 그물망처럼 엮여 있기에 우리는 각각의 사진을 수많은 다른 사진과 구분할 수 있으며, 자신을 둘러싼 세계를 의식하는 능력을 제공받는 것으로 보인다.

마찬가지로 여섯 살짜리 아이도 거실 양탄자 위 스케이트 선수의 사진, 개를 뒤쫓는 투명한 소나 고양이 사진처럼 자연스럽지 않은 사진은 금방 알아차린다. 바로 여기에 컴퓨터가 의식이 있는지 없는지 알려주는 비밀이 숨어 있다. 이처럼 인간의 경험에 위배되는 사실을 담은 사진은 어떤 사건과 사물이 함께 존재해야 하는지 금방 알아내는 지식과 능력이 인간에게 있음을 보여준다.

컴퓨터가 영상을 이해하는지 알아보는 데는 자판을 통해 대화하는 튜링 테스트 방법이 적용되지 않는다. 대신 인터넷에서 아무 사진이나 몇 개 고른다. 사진의 가운데 부분 3분의 1을 세로로 가리고, 이 사진들의 좌우 영상을 불규칙하게 섞어서 영상을 만든다. 그랬을 때 원래 영상의 좌우 3분의 1 부분을 정확하게 고른 경우를 제외하면 다시 맞춰진 영상은 엉뚱한 모습이 된다. 이제 컴퓨터에 정상적인 사진을 고르라고 명령한다. 가운데 3분의 1 부분을 가리는 것은 두 화면이 만나는 지점의 선이나 색채 연결성을 확인하는, 오늘날 널리 쓰이는 간단한 영상 분석 기법을 쓰지 못하게 하기 위해서다. 이런 화면 분리 테스트 기법을 통과하려면 높은 수준의 영상 인식 능력과 더불어 서로 떨어진 두 화면을 연결하는 연역적 추론 능력이 필요하다.

2-2

또 다른 테스트는 한 장 빼고는 모두 정상적 물체가 찍힌 여러 사진을 보여주고 잘못된 사진을 고르게 하는 것이다. 작업대에 망치가 놓인 사진은 정상적이지만 공구가 천장에 매달려 있는 사진은 잘못된 것이고, 모니터 앞에 키보드가 놓인 사진은 자연스럽지만 키보드 자리에 화분이 있다면 이상한 것이다.

색상, 경계선, 질감 등 영상의 통계적 데이터에 의존하는 방식으로 테스트 가운데 하나를 통과할 수도 있다. 하지만 아직까지는 대부분의 테스트를 통과하기가 어렵다. 실제로 테스트의 세부 사항들을 통과하는 건 상당히 힘들다. 이런 예는 우리가 의식을 통해서 자각하는 통합된 정보의 양이 엄청나다는 사실을 잘 보여줄 뿐 아니라 오늘날의 컴퓨터 영상 인식 시스템이 얼마나 특정 분야에 특화된 기능만 갖는지를 뚜렷하게 드러낸다. 현재의 컴퓨터는 몇백만 명의 얼굴 사진에서 수배 중인 테러리스트의 얼굴을 찾아낼 수는 있지만, 인간이 사진만 보고도 금방 알아챌 수 있는 나이, 성별, 인종 등의 특성을 알아내지 못한다. 얼굴을 찡그리고 있는지 웃고 있는지 판단하지 못하는 것은 물론이다. 또한 조지 워싱턴과 악수하는 영상이 합성인지 아닌지도 구분하지 못한다. 인간이라면 한번 힐끗 보는 것만으로도 쉽게 이런 장면을 구분할 수 있다.

그렇다면 앞으로는 어떤 식으로 기술이 발전할까? 특정한 동작이나 과제만 분리해서 컴퓨터로 수행하는 것은 어렵지 않게 가능할 것이다. 체스게임이나 퀴즈 쇼 등의 분야에서 방대한 양의 데이터를 순식간에 검색하는 능력은 컴퓨터가 인간을 뛰어넘는다. 정교하게 만든 지능형 자가학습 기능(machine-learning)* 알고리즘을 이용하면 사람이 만든 데이터베이스에 수록된 정보와 비교해 얼굴을 인식하거나 보행자를 찾아내는 일을 사람보다 훨씬 효과적으로 할 수 있다. 이처럼 다양하고 세분화된 작업을 컴퓨터가 처리하게 될 것이다. 더욱 발달된 컴퓨터 영상 인식 시스템이 등장할 것이며, 10년 이내에 상당히 쓸 만한 부분적 자율 운전 시스템이 차량 구매 시 선택 사양이 될 것이다.

*기계(컴퓨터)가 반복해서 다양한 상황에 노출됨으로써 스스로 성능이 향상되도록 하는 기술. 최근 이세돌 9단과 대국해 화제가 된 알파고의 바둑이 대표적인 경우로 알파고는 사람과 대국할수록 스스로 학습해서 성능이 향상된다.

그러나 그런 시스템조차 "고속도로를 타고 시카고 시내로 들어가면서 보이는 스카이라인이 불에 탄 숲이 안개 속에서 드러내는 모습과 비슷한가?"처럼 차량 앞에서 펼쳐지는 장면에 대한 간단한 질문에 답하지 못할 것이다. 그리고 (로스앤젤레스에서는 가능하지만) 주유소 바로 옆의 거대한 바나나가 현실에 존재하지 않는다는 사실도 알아낼 수 없다. 그 밖에도 백만 가지나 더 있을 이런 질문에 답하거나 바나나가 보이는 장면이 왜 잘못된 것인지 짚어내려면 해당되는 각각의 경우를 다루는 프로그램을 모두 만들어놓아야 한다. 하지만 그 모든 상황을 미리 예측할 방법이 현실적으로는 없다. 우리 의견이 맞다면, 비록 다양한 상황에 최적화된 기능을 하는 자율 운전 차량의 등장이 실제로 가능하다 해도 의식이라는 관점에서는 앞에서 펼쳐지는 장면을 이해하지 못할 것이다.

2-2

그런데 실세계의 다양한 객체 사이의 무수한 관계가 고도로 단일화된 하나의 시스템에 구현된 완전히 다른 종류의 지능을 가진 컴퓨터를 생각해볼 수 있다. 정보가 정상적으로 정돈되어 있지 않으면 정보 통합 방법에 의해 이 시스템에 정해져 있는 태생적 제한 조건에 들어맞지 않는다. 따라서 "이 그림에서 잘못된 부분은 어디인가?"라는 질문에 대한 답을 금방 얻게 된다.

이런 종류의 기계는 체계적으로 구분하기 어려운 작은 과제의 결합일 경우 적합하다. 정보 통합 능력에 기반해 장면을 이해할 수 있는 것이다. 고차원적 정보 통합이 가능하려면 이런 시스템이 포유류의 뇌와 유사하게 작동해야 한다는 것이 우리의 관점이다. 이런 기계들은 앞서 언급한 테스트를 손쉽게 통과할 수 있으리라. 그렇게만 된다면 의식이라는, 우주에서 가장 신비한 특징을 우리와 공유하게 될 것이다.

2-3 생각하는 컴퓨터

이본느 레일리

평범한 사람이 3,456,732+2,245,678를 계산하는 데는 시간이 얼마나 걸릴까? 10초? 이 정도면 준수한 수준이다. 일반적인 PC가 이 계산을 수행하는 데는 0.000000018초가 걸린다. 기억력은 어떨까? 쇼핑 항목 열 가지를 잘 기억할 수 있을까? 그렇다면 스무 개는? PC의 경우 1억 2,500만 개 항목을 기억한다.

반면 컴퓨터는 사람과 달리 얼굴을 구분하지 못한다. 기계는 새로운 아이디어를 내는 능력이 없고, 감정도, 어린 시절에 대한 로맨틱한 기억도 없다. 그러나 최근의 기술 발전은 인간의 뇌와 전자회로의 간격을 점차 좁혀나가고 있다. 스탠퍼드대학 생체공학자들은 신경망(neural network)의 복잡한 병렬처리 기법을 마이크로 칩에 옮겨 담고 있다. 다윈 VII(Darwin VII)이라는 이름의 로봇에는 카메라뿐 아니라 금속으로 만든 턱이 달려 있어서 이 로봇은 동물의 새끼처럼 주변 환경과 교감하며 지식을 습득한다. 캘리포니아 라호야에 있는 신경과학연구소(Neurosciences Institute)가 만든 이 로봇의 두뇌는 쥐와 원숭이의 뇌를 흉내 낸 것이다.

이런 로봇의 개발은 자연스럽게 다음 질문을 이끌어낸다. 컴퓨터가 원숭이의 신경망과 똑같이 동작하는 것이 가능해졌다는 말은 반도체가 생각할 수 있게 되었다는 의미인가? 어떤 방법으로 이를 판단할 수 있는가? 50여 년 전

2-3

영국의 수학자이자 철학자 앨런 튜링이 이미 이 질문에 대한 답을 내놓은 바 있고 이는 지금껏 인공지능 개발에 핵심적 개념으로 이용되었다. 그가 내놓은 해답은 이와 동시에 인간의 인지능력 연구에도 큰 영향을 미쳤다.

시작 : 지능 시험

"생각한다"는 건 정확히 무엇을 뜻할까? 보통은 의식, 이해, 창의와 관련된 두뇌 활동에 이 어휘가 사용된다. 반면 오늘날의 컴퓨터는 단지 프로그램에 의해서 주어진 절차를 순차적으로 수행할 뿐이다.

아직 반도체 칩이 개발되기 전인 1950년, 튜링은 컴퓨터가 더 똑똑해지면 사람들이 인공지능에 관심을 갖게 되리란 사실을 예견했다. 아마도 철학 논문 중에 가장 유명한 논문이라고 할 〈계산하는 기계와 지능(Computing Machinery and Intelligence)〉에서 튜링은 "기계가 생각할 수 있는가?"라는 질문을 "기계, 즉 컴퓨터가 사람을 흉내 내는 시험을 통과할 수 있는가?"로 바꾸어놓았다. 다시 말해 인간과 대화가 가능하고, 상대 인간이 기계와 대화한다는 사실을 눈치채지 못하게 할 수 있느냐는 것이다.

튜링은 다른 방에 있는 사람에게 질문을 던져 남자인지 여자인지 알아내는 게임에서 아이디어를 얻었다. 다른 방에 있는 사람을 컴퓨터로 대치했던 것이다. 튜링 테스트라고 불리는 이 테스트를 통과하려면, 컴퓨터는 진행자의 질문에 사람과 비슷한 수준의 완성도 있는 언어로 대답해야 한다.

그는 논문에서 50년 이내(지금이 바로 그 시기다)에 수준이 보통 정도인 진행자라면 대화 상대가 컴퓨터인지 사람인지를 70퍼센트 확률로 알아맞히는 컴퓨터가 만들어지리라 예견했다.

아직 튜링의 예측대로 되진 않았다. 여전히 튜링 테스트를 통과하는 컴퓨터는 존재하지 않는다. 사람에겐 너무나도 쉬운 일이 왜 컴퓨터가 하기엔 이처럼 어려울까? 테스트를 통과하려면 컴퓨터는 수학만 잘하거나 낚시 지식이 많거나 하는 식으로 한 가지만 잘해서는 안 된다. 여러 가지를 평균적 인간만큼 잘해야 한다. 그러나 컴퓨터는 태생적으로 제약이 있는 상태에서 설계된 물건이다. 프로그램은 컴퓨터가 특정 작업을 수행할 수 있도록 하며, 컴퓨터의 지식은 그러한 작업에 필요한 것뿐이다. 좋은 예가 이케아(IKEA)의 온라인 비서 애너(Anna)다. 고객은 애너에게 이케아의 상품과 서비스에 대해서 묻고 답을 얻지만 날씨를 알아낼 수는 없다.

테스트를 통과하려면 이 밖에 또 무엇이 필요할까? 온갖 이상한 표현을 막론하고 언어를 잘 이해해야 하는 건 분명하다. 이런 요소를 이해하려면 문장의 문맥을 파악하는 능력이 필요하다. 그러나 컴퓨터가 문맥을 이해하기는 쉽지 않다. '뱅크(bank)'라는 단어를 예로 들면 문맥에 따라 '강둑'이나 '은행'이 될 수 있다.

문맥이 중요한 이유는 배경 문맥을 통해서 정보가 전달되기 때문이다. 질문하는 사람이 어른인지 아이인지, 전문가인지 아닌지 등 질문자를 알아내는 경우가 좋은 예다. 그리고 "뉴욕 양키스(Yankees)가* 월드시리즈에서** 우승했는가?" 등의 질문에서는 질문을 한 시점의 연도가 중요하다.

배경지식은 사실 어느 경우에나 중요하다. 계산량이 줄어들기 때문이다. "수우가 집에 있을 때 수우의 코는 어디에 있는가?" 등의 질문에 대한 답을 찾을 때 논리는 그다지 중요한 요소가 아니다. 보통 코와 그 코의 주인이 따로 다니는 경우는 드물다. 그러므로 컴퓨터가 "코는 집에 있다"라는 답을 하는 것만으로는 질문에 대한 충분한 답이 되지 못한다. 그리고 "수우가 집에 있을 때 수우의 가방은 어디에 있는가?"라는 질문에 대한 적절한 답은 "나도 모른다"이지만 "집"이라고 대답할 수도 있다. 그렇다면 수우가 최근에 코수술을 한 경우를 생각해보자. 이 경우 올바른 대답은 "수우의 코 어느 부분을 말하는 것인가?"일 것이다. 모든 경우에 대응하는 프로그램을 만드는 건 불가능하다. 컴퓨터 과학자들은 이를 "계산량 폭발"이라고 부른다.

*뉴욕시를 연고지로 하는 프로야구팀.
**매년 미국 프로야구 우승팀을 가리는 7전 4선승제 시합.

튜링 테스트에 대한 비판

물론 튜링 테스트를 비판하는 시각도 있다. 뉴욕대학 철학자 네드 블록(Ned Block)은 튜링 테스트는 컴퓨터가 사람(물론 인지능력과 언어능력만)처럼 행동하는지 보는 것에 불과하다고 주장한다. 제한된 길이로 모든 대화가 가능한 컴퓨터를 만들었다고 하자. 진행자가 Q라는 질문을 던지면 컴퓨터는 질문이 던져진 주변 대화를 살펴보고 대답 A를 내놓는다. 진행자가 다음 질문 P를 하면 컴퓨터는 Q, A, P의 내용을 살펴보고 대화 B에 이어 대답을 한다. 블록은 이런 컴퓨터는 건배할 때 선창하는 정도의 지식밖에 없는데도 튜링 테스트를 통과할 수 있다고 지적했다. 이에 대한 반응 가운데 하나는 그런 상황에서는 사람도 마찬가지라는 것이다. 육체적 조건을 제외한다면 생각이 만들어내는 행동이 사람이 생각을 할 수 있는지 판단하는 기준이 된다. 즉 대화 상대가 어휘의 통상적인 의미를 이해하는지 못하는지 본다는 뜻이다. 철학자들은 이를 "타인의 마음(other mind)의 문제"라고 부른다.

중국어를 이해하는 프로그램

캘리포니아주립대학 버클리 캠퍼스의 철학자 존 서얼(John Searle)은 컴퓨터가 어휘의 의미를 전혀 모르는 상태에서 튜링 테스트를 통과할 수 있다는 이와 유사한 주장을 펼쳤다. 중국어를 이해하는 것처럼 보이도록 만든 프로그램이 있는데 그가 예로 든 중국어 방 대화(Chinese Room Argument) 상황을 통해 이를 살펴보자.

문을 잠근 방(컴퓨터 케이스) 안에 한 명의 사람과 한자가 쓰인 종이를 넣은 상자가 여기저기에 있다. 이 사람은 중국어를 모르지만 두꺼운 책(소프트웨어)을 갖고 있다. 그러나 이 책이 한자의 의미를 알려주지는 않는다. 이 사람이 할 수 있는 일은 밖에서 방 안에 한자가 쓰인 종이를 넣어주면(입력) 한자를 밖으로 내보내는(출력) 것뿐이다. 여기에 몇 가지 추가 규칙이 있다. 이 규칙들 덕분에 튜링 테스트를 통과하게 된다. 이 사람은 모르고 있지만, 방에 넣은 한자들은 질문이고, 내보내는 한자는 그에 대한 답이다. 또한 이 답은 중국어를 할 줄 아는 사람이 내놓는 답과 동일하다. 그러므로 방 밖에서 볼 때는 방

안에 있는 사람이 중국어를 이해하는 것으로 보인다. 물론 방 안에 있는 사람은 중국어를 할 줄 모른다. 이런 컴퓨터는 튜링 테스트를 통과하겠지만 그렇다고 이 컴퓨터가 생각을 하는 것은 아니다.

컴퓨터는 기호의 의미를 이해할 수 있을까? 영국 사우샘프턴대학 컴퓨터 과학자 스테반 하네드(Stevan Harnad)는 가능하리라 생각한다. 하지만 그는 이를 위해서는 먼지 컴퓨터가 추상적 개념과 문맥이 실제 현실 세계와 어떻게 연결되는지를 학습을 통해서 배워야 한다고 보았다. 인간은 현실에서 자신과 대상 사이에 일어나는 경험을 통해 글자가 나타내는 어휘의 의미를 습득한다. 즉 나무와 관련된 경험이 있기 때문에 '나무'라는 어휘를 이해할 수 있다. (장님에 귀머거리였던 헬렌 켈러가 자신의 손에 '물'이라는 글씨가 쓰였을 때 그 의미를 터득했던 것을 생각하면 된다. 그녀는 펌프에서 물이 나오는 것을 보고 모든 것에 이름이 있다는 개념을 알게 되었다.)

하네드는 컴퓨터가 자신이 처리하는 기호의 의미를 이해하려면 컴퓨터에 카메라 등의 감지 장치가 부착되어 있어서 현재 처리하는 기호를 실제로 볼 수 있어야 한다고 이야기한다. 카메라와 턱이 있는 다윈 VII이란 로봇은 이런 방면으로 한 발 나아간 사례다.

하네드는 로봇 튜링 테스트라는 이름으로 튜링 테스트의 개선을 제안했다. 기계가 '생각'하는 것으로 인정받으려면 튜링 테스트를 통과하는 것과 더불어 외부 세계와의 연결이 필요하다. 사실 이런 관점은 이미 튜링이 고려했던 것이기도 하다. 그는 이미 1948년에 쓴 보고서에서, 기계가 "시골길을 거닐며 스스로 무엇인가를 알아낼 수 있어야 한다"고 적고 있다.

로봇 튜링 테스트

컴퓨터 과학자들이 튜링 테스트를 통과하는 컴퓨터에 필요하다고 생각하는, 문맥을 이해하고 배경지식을 가진 컴퓨터를 만드는 데 하네드가 제안한 감지 기구가 중요한 실마리가 될 수 있다.

외부 상황을 감지하는 기구를 장착하면 컴퓨터가 진정한 의미에서 이해 능력을 가진다고 볼 수 있을까? 서얼도 이 점을 궁금해했다. 이 질문에 답하기 전에 우선 하네드가 제안한 로봇 튜링 테스트 통과를 기다려야 한다.

당분간은 튜링 테스트가 인공지능 연구에서 중추적인 역할을 담당할 것이다. 다트머스대학 철학자 제임스 무어(James H. Moor)는 튜링 테스트가 "학습한 것을 지식으로 정교하게 변환하는" 데 중요한 개념을 제시한다고 본다. 튜링 테스트를 통과한 컴퓨터가 인간처럼 이해력과 의식을 갖고 있느냐 여부와 관계없이 이 개념은 인공지능 연구에서 가치 있는 목표가 된다고 할 수 있다.

2-4 자의식을 가진 기계

래리 그리너마이어

인공지능을 연구하는 학자들은 스스로 복제와 학습이 가능하고, 스스로 환경에 적응하는 고도의 지능과 능력을 가진 컴퓨터가 세상을 바꿀 거라고 확신한다. 그런 일이 언제 일어날지, 그런 상태가 얼마나 지속될지, 인간은 여기에 어떻게 대응해야 할지에 관한 문제는 여전히 논쟁거리다.

오늘날 지능을 가진 기계라 불리는 것들은 대부분 그 기계가 잘 아는 상황에서 특정한 과제를 수행하려는 목적으로 만들어졌다. 하지만 미래에 나타날 기계들은 훨씬 더 자율적일 것이다. 코넬대학 기계공학 및 컴퓨터 엔지니어 호드 립슨(Hod Lipson)은 말한다. "기계가 하게 만들려는 작업 종류가 점차 복잡해지고 있기에, 기계 스스로 자신을 돌볼 필요가 있는 겁니다." 또한 그는 어떤 문제가 일어날지 인간이 예측하기 어려울수록 기계 스스로의 적응과 결정에 대한 필요성이 높아진다고 지적한다. 기계의 학습능력이 향상될수록 "결국 기계가 자의식과 의식을 갖게 될 것"이라는 뜻이다.

신경과학자들은 의식을 생물학적 관점에서 바라보지만 핵심은 인체의 복잡성에 있는 듯하다. 때문에 그와 비슷한 수준의 고도로 발달된 하드웨어와 소프트웨어를 갖는다면 컴퓨터도 언젠가는 자의식을 갖게 되리라 생각할 수 있다. 영화 〈터미네이터〉에서처럼 기계가 인간을 상대로 전쟁을 일으키는 일이 벌어진다면 기계의 인지능력을 인정할 수 있다는 뜻이다. 전문가들은 아마도 결국은 그렇게 되리라 생각한다.

인간을 관찰한 결과 이러한 예측을 하게 되었다고도 볼 수 있다. 렌셀러 폴리테크닉대학의 논리학자이자 철학자 셀머 브링스요드(Selmer Bringsjord)는 인간이란 더 높은 곳을 향하도록 만드는 지능을 가진 유일한 존재라고 지적한다. 동물은 "영원히 고정된 인식의 감옥"에 갇힌 반면 인간은 자신의 인지능력의 한계에서 벗어날 힘을 가진 존재라는 뜻이다.

기계가 스스로 자신의 존재와 구조를 이해하면, 스스로 자신을 개량하게 된다. "일단 그런 일이 일어나면 막을 수가 없습니다." 컴퓨터게임 심즈(Sims)의 제작자이자 캘리포니아 버클리에 있는 로봇 제작소 스투피드 펀 클럽(Stupid Fun Club) 공동 창업자 윌 라이트(Will Wright)의 말이다. 그는 기계에 자의식이 생기면 "상황이 흥미로워지는 것을 보여주는 결정적 증거"인 기계 스스로의 개선이 시작된다고 덧붙였다. 개선은 세대를 거듭하며 계속해서 이루어질 테고, 기계로서는 한 세대가 불과 몇 시간에 지나지 않는다.

라이트는 이를 자의식이 자기 복제로 연결되는 것으로 자기 복제는 인간이 관여되지 않은 상태에서 더 좋은 기계가 만들어지는 거라고 설명했다. 그는 인류의 운명이라는 관점에서 "개인적으로는 이런 상황을 상당히 우려한다"고 말한다. "우리가 살아 있는 동안에 이런 일이 일어날 수도 있습니다. 지구에 인간 말고도 지성을 가진 존재가 존재한다는 건 생각만 해도 끔찍한 일이죠."

물론 모든 사람이 이처럼 비관적이지는 않다. 브링스요드에 따르면, 기계는 결국 프로그램에 있는 절차에 따라 움직이는 존재이므로 프로그램이 제대로라면 "기계가 초자연적 힘을 가질 수는 없다." 그러나 그에게도 한 가지 우려되는 점이 있다. 바로 인간이 동작을 제어할 수 없는, 지능을 가진 무기나 전쟁 기계의 출현이다. 이를 제외하면 인간은 인공지능을 이용해 "미래에도 상황을 통제할 수 있다"는 것이 그의 의견이다.

저명한 미래학자 레이 커즈와일(Ray Kurzweil)도 높은 수준의 인공지능이 "인간을 정복하고 대체하는 기계나 외계인"의 모습으로 나타나진 않으리라는 데 동의한다. 그는 기계도 인간의 진화 과정을 뒤따르리라 본다. 그러나 궁극적으로는 자의식과 자기 개선 능력을 가진 기계는 자신을 제어하고 이해하는 면에서 인간을 뛰어넘을 거라고 덧붙였다.

인간의 통제를 벗어난 기계에 대한 법적인 문제가 불분명하기 때문에 립슨은 "이 문제를 생각해볼 필요가 있다"고 지적한다. 아이작 아시모프가 제안한 로봇 3원칙, 한마디로 말하면 "로봇은 인간에게 해를 끼쳐서는 안 된다" 등의 윤리적 규칙은 로봇이 인간의 도움 없이 서로를 프로그래밍하기 시작하면 무용지물이 된다. 립슨은 아시모프의 3원칙이 인간이 로봇을 프로그래밍한다는 것을 전제로 만들어졌음을 강조했다.

그러나 인간이 이런 새로운 형태의 인공지능을 반드시 통제할 필요가 있는지 의문을 제기하는 사람들도 있다. 라이트는 "인공지능이 이런 방향으로 진화해서는 안 된다고 말할 순 없지 않을까요"라고 반문한다. "포유류가 공룡보다 더 커져서 지구의 지배자가 되어서는 안 된다는 법이 있었을까요?"

인공지능을 통제하는 것이 불가능해진다면, 실리콘으로 된 새로운 친구들과 평화롭게 지구를 공유하기를 바랄 수밖에…….

2-5 스스로 생각하는 기계

야세르 아부-모스타파

몇 년 전 어느 여성 의류회사 간부들이 고객을 위한 패션 관련 제안을 필자에게 요청했다. 남성에다 컴퓨터 과학자인 나는 전혀 모르는 분야였다. 그들 중 아무도 문외한인 내 조언이 필요하다고 생각지 않았고, 실제로도 필자의 개인적 조언을 바란 게 아니었다. 그들이 원했던 것은 지능형 자가학습 기능에 대한 조언이었고 나는 기꺼이 이에 응했다. 나는 판매 자료와 고객 설문에 기반해서 한 번도 만나본 적이 없는 여성에게 한 번도 본 적이 없는 패션 상품을 제안할 수 있었다. 그러한 제안의 성과는 전문 스타일리스트를 능가했다. 물론 나는 지금도 여성 패션에 대해 별로 아는 것이 없다.

지능형 자가학습 기능은 컴퓨터로 하여금 경험을 통해 무언가 배우게 하는 컴퓨터과학의 한 분야로 주변에서 드물지 않게 찾아볼 수 있다. 웹에서 정확한 검색 결과를 제시하고, 혈액검사의 확실성을 높이고, 결혼 정보 사이트에서 적합한 짝을 찾을 때도 지능형 자가학습 기능이 쓰인다. 데이터의 형태를 검토한 후 이를 이용해서 예측하는 것은 가장 구조가 간단한 지능형 자가학습 기능 알고리즘이다. 그러나 지난 10년간 기술 발전은 많은 것을 바꾸어 놓았다. 사실 지능형 자가학습 기능은 많은 분야에서 컴퓨터가 인간보다 '똑똑해' 보이는 모습을 갖게 만든 주역이다. IBM사의 왓슨이 지능형 자가학습 기능으로 〈제퍼디〉 퀴즈 쇼 챔피언을 이긴 것은 단적인 예에 불과하다.

하지만 지능형 자가학습 기능에서 가장 중요한 경쟁이 퀴즈 쇼용 컴퓨터에서 이루어지는 것은 아니다. 몇 년 전 온라인 영화 사이트 넷플릭스사(Netflix)는 신작이 아닌, 잘 알려지지 않은 영화 가운데 좋아하는 영화를 찾는 서비스를 고객들에게 제공하려 했다. 이 회사는 이미 자체 개발한 영화 추천 시스템을 보유하고 있었지만 경영진은 이 시스템의 성능이 만족스럽지 않다는 사실을 잘 알았다. 넷플릭스사는 경쟁을 통해 새로운 방법을 찾기로 했다. 규칙은 간단했다. 기존 시스템의 성능을 10퍼센트 상회하는 제품을 처음으로 만든 참가자에게 상금 100만 달러를 수여하기로 한 것이다. 소식을 듣고 전 세계에서 몇만 명의 참가자가 쇄도했다.

지능형 자가학습 기능을 연구하는 사람들에게 이 대회는 꿈같은 것이었는데 이는 매력적 상금 때문만은 아니다. 지능형 자가학습 기능 시스템에서 가장 중요한 요소는 데이터인데, 참가자들은 넷플릭스사가 보유한 1억 개의 실제 데이터를 이용할 수 있었다.

3년 동안의 대회

거의 3년간 경쟁이 계속됐다. 많은 참가자들이 영화를 다양한 형태의 데이터 요소로 분할해서 표현하는 방법을 택했다. 예를 들면 어떤 영화도 웃김의 수준, 복잡함의 정도, 배우의 매력도 등 다양한 특성으로 표현할 수 있다. 코미디를 얼마나 즐기는지, 심플한 구성과 복잡한 구성 중 어느 쪽을 선호하는지, 매력적인 주인공을 얼마나 좋아하는지 등 영화를 선택하는 고객의 취향을 이러한 각각의 특성에 대한 평점과 비교한다.

이렇게 하면 고객의 취향과 영화의 특성을 맞추어 고르는 일은 단순한 작업이 된다. 코미디와 복잡한 구성을 좋아하는 고객은 〈뜨거운 것이 좋아(Some Like It Hot)〉나* 〈완다라는 이름의 물고기(A Fish Called Wanda)〉를** 좋아할 가능성이 높다. 알고리즘이 그저 조건에 맞는 영화 몇 편만 골라내면 되는 것이다.

*마릴린 먼로, 토니 커티스 주연(1959).

**존 클리즈, 제이미 리 커티스 주연(1988).

사람은 '코미디'나 '복잡한 구성' 등의 요소를 쉽게 인지할 수 있지만, 알고리즘은 그렇지 않다. 사실 모든 과정이 자동화되어 있으므로 연구자들이 영화의 내용을 분석할 필요가 없다. 지능형 자가학습 기능 시스템은 임의의, 이름 없는 특징부터 학습을 시작한다. 과거에 시청자들이 영화에 어떤 평점을 주었는지 데이터를 입수하면, 시스템은 이 특성의 값을 조절해 시청자의 평가와 일치하게 만든다.

예를 들면 A라는 영화를 좋아하는 사람들이 영화 B, C, D도 좋아하는 경향이 있다면, 알고리즘은 A, B, C, D에 공통되는 특성 항목을 새로 만들어낸다. 이 과정은 컴퓨터가 몇백만 시청자의 평점 데이터를 살펴보는, 훈련 기간이라 불리는 시기에 이루어진다. 이 기간 동안의 주관적 분석이 아니라 실제 평점에 기반해서 객관적이고 새로운 특성 항목을 만들어내는 데 목적이 있다.

지능형 자가학습 기능 시스템이 만들어내는 특성의 내용을 인간이 이해하는 개념으로 설명하기는 쉽지 않다. 이는 '코미디'처럼 단순한 개념이 아니기 때문이다. 사실 알고리즘은 인간에게 명확한 설명이 가능한 특성 지표를 찾아내는 것이 아니라 시청자가 영화를 어떻게 평가할지 예측하는 방법을 찾는 것뿐이다. 따라서 알고리즘이 만들어내는 새로운 특성 지표들은 인간이 보기에는 미묘하면서 이해하기가 어렵다. 시스템이 잘 운영되기만 한다면 내부에서 어떤 일이 일어나는지 인간이 반드시 이해할 필요도 없다.

그러나 지금까지 우리가 아는 세계는 이런 식으로 움직이지 않았다. 나는 연구 초기에 은행에서 사용할 신용 승인 시스템을 개발한 적이 있다. 개발을 끝냈을 때, 은행 측은 필자에게 각각의 특성 지표가 의미하는 바를 설명해달라고 요구했다. 이런 요구는 시스템 성능과는 아무런 관련이 없었고, 시스템은 아주 잘 작동했다. 그러나 은행의 요구는 법적으로 정당했다. 은행은 이유 없이 특정 고객에게 신용 대출을 거절할 수 없다. 고객에게 당신의 *X* 값이 0.5에 미치지 못하므로 대출이 불가능하다고 말할 수는 없는 노릇이다.

각각의 지능형 자가학습 기능 시스템은 서로 다른 특성 지표를 만들어낸다. 넷플릭스 대회 마지막 몇 주 동안, 각각 독립적으로 움직이던 참가팀들이 이른바 집합 기술을 이용해 각자가 만든 알고리즘을 융합하기 시작했다. 3년에 걸친 대회 기간의 마지막 몇 시간, 두 팀이 우승을 다투고 있었다. 점수판에는 필자의 캘리포니아공과대학 연구팀 출신 박사가 포함된 '앙상블(The Ensemble)' 팀이 '벨코의 프래그매틱 카오스(BellKor's Pragmatic Chaos)' 팀을 약간 앞선 점수가 표시되고 있었다. 그러나 최종 평가에서 두 팀이 내놓은 결과는 본래 시스템보다 10.6퍼센트 개선된 수준에 이르러 통계적으로 볼 때

무승부 상황에 이르렀다. 대회 규칙에 따르면 결과가 동일할 때는 먼저 시스템을 제출한 팀이 이기도록 되어 있었다. 3년에 이르는 경쟁의 마지막 한 시간 싸움에서 벨코의 프래그매틱 카오스가 앙상블보다 20분 먼저 시스템을 제출했다. 앙상블은 3년의 경쟁에서 단 20분을 뒤지는 바람에 100만 달러를 놓쳤다.

지도학습과 강화학습

영화 평가 시스템의 예에서 볼 수 있는 지능형 자가학습 기능 시스템을 지도학습(supervised learning)이라고 한다. 이 방식은 의료 진단에도 사용된다. 예를 들어 환자들의 백혈구 사진 몇천 가지를 보여주고 백혈구가 암에 걸렸는지 안 걸렸는지 함께 알려준다. 알고리즘은 이러한 정보를 바탕으로 암에 걸린 세포를 골라낼 수 있는 모양, 크기, 색깔의 특성 지표를 만들어낸다. 연구자는 학습 과정을 '지도'한다. 학습에 사용되는 각각의 사진이 컴퓨터에 정확한 답을 알려주기 때문이다.

지도학습은 가장 일반적인 지능형 자가학습 기능 방법이지만, 유일한 방법은 아니다. 로봇공학자들은 2개의 다리를 가진 로봇이 어떻게 걷는 것이 가장 바람직한 방법인지 모를 수도 있다. 이럴 경우, 여러 가지 걸음걸이를 실험하는 알고리즘을 만든다. 특정한 걸음걸이에서 로봇이 넘어진다면, 알고리즘은 더는 그 방법을 선택하지 않는다.

이런 방법을 강화학습(reinforced learning)이라고 한다. 사실 이는 인간에게 친숙한 시행착오법(trial and error)과 같다. 사람이건 기계건 전형적 강화학습 방법에서는 대응이 필요한 상황이 펼쳐진다. 누군가의 지시에 따르는 것이 아니라 스스로 어떤 행동을 하고 그 결과를 지켜보아야 한다. 이 행동 결과에 따라 향후 바람직한 행동은 강화하고, 그렇지 못한 행동은 피한다. 결국 사람이나 기계나 여러 가지 다양한 상황에 어떤 행동이 적절한지 터득하는 것이다.

예를 들면 인터넷 검색엔진을 보자. 구글(Google) 창업자들은 '복제양 돌리(Dolly)'에 대해 알아보기 위해 1997년의 정보를 찾느라 웹을 헤집고 다니지 않았다. 이들은 일단 웹에서 얼추 답이라 생각되는 것들을 찾고, 사용자들이 어떤 사이트로 많이 가는지에 따라서 검색 결과를 강화(reinforce)하는 방법을 택했다. 검색 결과 목록에서 사용자들이 특정 링크를 무시하면 알고리즘은 그 페이지가 검색어와 관계가 없다고 판단한다. 알고리즘은 이런 반응을 사용자 몇백만 명에게서 얻을 수 있으므로 미래에 동일한 검색어가 입력되면 믿을 만한 결과를 제시해주게 된다.

성능이 과해도 문제가 된다

연구자들은 게임처럼 연속적 행동이 필요한 작업에 강화학습 기법을 즐겨 사용한다. 간단하게 틱-택-토(tic-tac-toe) 게임을* 예로 들어보자. 컴퓨터가 X를 구석에 놓으면서 게임을 시작한다. 이 게임에서는 모서리에 먼저 둘 때 굉장히 유리하므로 첫수를 다른 곳에 놓기보다 모서리에 놓을 때 컴

*두 명이 번갈아가며 ○와 ×를 놓아 3×3판의 가로세로 혹은 대각선상에 같은 글자가 나란히 놓이도록 하는 게임.

퓨터는 훨씬 자주 이기게 된다. 이처럼 모서리에 ×를 두는 승률이 높은 행동은 강화된다. 연구자들은 이 과정을 다음 수가 어떤 것이 될지 유추하는 데 확장해서 체스나 바둑 등 다른 게임에도 적용한다.

강화학습은 내시균형(Nash equilibrium)* 등의 경제학적 응용에도 이용된다.

*상대방이 현재 전략을 유지한다는 전제하에 나도 현재 전략을 바꿀 이유가 없는 교착 상태.

행동에 대한 결과를 얻기 힘든 경우, 강화학습은 어려워진다. 그럴 때는 자율학습(unsupervised learning)이 이용된다. 데이터는 있지만 지도학습처럼 구체적으로, 또는 강화학습처럼 암시적으로 어떤 행동을 해야 하는지 정보가 없을 때 이 방법을 쓴다. 이런 데이터에서 무언가를 학습하는 것이 어떻게 가능할까? 첫 단계는 데이터를 유사성에 따라서 분류하는 것이다. 이 과정을 클러스터링(clustering : 분류)이라고 한다. 알고리즘은 데이터에서 숨겨진 구조에 관한 정보를 모은다. 클러스터링을 통해 어떤 행동을 할지 결정하기 전에 먼저 데이터에 대한 이해를 높이는 것이다. 때로는 클러스터링만으로 충분할 수도 있다. 도서관의 책을 정리하는 경우라면, 단순히 책을 분류하기만 하면 된다. 클러스터링을 거친 데이터에 지도학습 과정을 추가하는 경우도 있다.

역설적으로, 성능이 과도한 컴퓨터를 사용할 때 지능형 자가학습 기능이 실패하는 경우가 있다. 따라서 전문가와 비전문가의 구분은 적절한 컴퓨터를 사용하는지 여부에 달려 있다.

성능이 높은 것이 왜 문제가 될까? 지능형 자가학습 기능 시스템은 기본적으로 데이터의 형태(pattern)를 파악한다. 그런데 데이터 수는 적은데 지나치게 정교한 모형을 적용하는 등 이 과정이 너무 적극적이면 몇몇 데이터에서 우연히 나타나는 경우를 실제 패턴으로 오인하는 수가 있다. 지능형 자가학습 기능 분야에 관한 수학 이론의 많은 부분에서 이처럼 과도한 데이터 처리가 엉뚱한 결과를 만들어내는 '과잉 적응(overfitting)'을 막는 방법을 다룬다. 지능형 자가학습 기능의 목적은 데이터끼리의 의미 있는 연결성을 찾으려는 것이지 있지도 않은 허상을 찾는 것은 아니다.

이런 경우가 일어나는 사례를 카지노의 룰렛(문제를 단순화하기 위해 룰렛에는 적색과 흑색만 있고 0과 00은 없다고 가정한다)을 예로 들어 살펴보자. 어떤 여성이 룰렛이 돌아가는 것을 10회 관찰했더니 적색과 흑색이 계속 번갈아 나왔다. 그녀는 룰렛의 결과가 항상 적, 흑, 적, 흑, 적, 흑의 순서로 나온다고 판단한다. 10회 정도 이런 결과가 나온다면 그렇다고 봐도 무방하다고 생각했다. 그런데 적색에 100달러를 건 바로 직후인 11번째 시도에서 예상과 다른 결과가 나왔다. 룰렛은 검은색에서 멈추고 그녀는 건 돈을 모두 잃는다.

사실 이 사람은 실제로는 존재하지 않는 형태를 찾고 있었다. 통계적으로 볼 때, 어떤 룰렛에서도 500분의 1 확률로 적색과 흑색이 10번까지 교대로 나올 수 있다. 그런데 룰렛에서는 과거에 어떤 색깔이 나왔는지는 다음번 결과와 아무 상관이 없다. 모든 시도에서 똑같이 50퍼센트 확률로 적색 아니면 흑색이 나온다. 지능형 자가학습 기능 분야에 전해지는 오래된 격언이 있다. "데이터를 충분히, 오랫동안 괴롭히면 원하는 결과를 얻을 것이다."

이러한 결과를 방지하기 위해 지능형 자가학습 기능 시스템은 제약(regularization)이라는 기법을 이용해 모형의 왜곡을 방지한다. 모형이 복잡할수록 과잉 적응이 일어나기 쉬운데 제약 기법을 통해 모형이 너무 복잡해지는 것을 억제할 수 있다. 그리고 훈련용이 아닌 데이터로 알고리즘을 확인하기도 한다. 이런 방법으로 결과를 얻는다면 훈련용(training) 데이터 때문에 만들어진 엉뚱한 것이 아니라 믿을 만한 것임을 확신할 수 있다. 사실 넷플릭스사가 수여한 상도 처음에 주어진 데이터로 제출된 알고리즘을 판단한 것이 아니었다. 심사는 외부에 공개되지 않은 새 데이터를 이용해서 진행됐다.

미래 예측하기

지능형 자가학습 기능 분야에는 흥미로운 일이 많다. 다음번 과제가 어떤 응용 분야일지 짐작하기도 어렵다. 지능형 자가학습 기능 분야 종사자는 여성 패션 분야의 컴퓨터 과학자처럼 자신이 전혀 모르는 응용 분야에서 일하며 데이터에만 의존해 미래를 예측한다. 당연히 여러 분야에서 문의가 쇄도한다. 2011년 봄학기에 캘리포니아공과대학에서 내 강의를 들은 학생들은 전공이 열다섯 가지나 될 정도였다. 그때 처음으로 강의 자료를 온라인에 배포하고 강의를 생중계했는데 전 세계 몇천 명의 사람들이 강의를 보고 과제를 수행했다.

지능형 자가학습 기능이 제대로 작동하려면 데이터 양이 충분해야 한다. 새로운 과제 의뢰가 들어올 때 필자가 던지는 질문은 간단하다. "어떤 데이터를 가지고 계신가요?" 지능형 자가학습 기능은 정보를 만들어내지 않는다. 단지 데이터에서 정보를 추출할 뿐이다. 적절한 정보가 들어 있는 충분한 훈련 데이터 없이는 아무것도 할 수 없다.

그러나 수많은 분야에서 데이터 양은 폭증하고 있으므로 지능형 자가학습 기능의 효용성은 계속 커질 것이다. 예측이야말로 지능형 자가학습 기능의 전문 기술이라고 장담할 수 있다.

3

실리콘을 넘어서

3-1 두뇌처럼 생각하는 칩

크리스토퍼 밈스

아마도 다르멘드라 모드하(Dharmendra S. Modha)는 자신의 연구팀에 정신과 의사까지 있는 유일한 마이크로 칩 설계자일 것이다. 정신과 의사는 팀원들이 정상적 정신 상태를 유지하게 하기 위해서 있는 것이 아니다. 다섯 군데 대학과 IBM사의 연구팀까지 포함하는 그의 연구 조직은 신경을 모방한 마이크로 칩을 설계 중이다.

'인지 컴퓨팅(cognitive computing)'이라 불리는 이 연구를 통해 2011년 8월, 256개의 인공 뉴런으로 이뤄진 마이크로 칩 2개가 첫 제품으로 탄생했다. 2011년 현재 이 칩의 능력은 퐁 게임에서 사람을 이기고 간단한 미로에서 길을 찾는 수준이다. 하지만 궁극적 목표는 원대하다. 바로 사람의 두뇌를 칩 속에 구현하는 것이다. DARPA가 지원하는 시냅스(SyNAPSE)* 프로젝트는 대략 인간 두뇌의 한쪽 정도 용량인 100억 개의 뉴런과 100조 개의 시냅스를 칩 속에 구현하려 한다. 연구팀은 결과물의 크기는 2리터 이하, 전력 소모는 100와트 전구 열 개 정도에 머무를 것으로 기대한다.

* 신경세포가 접합하는 부위인 synapse에서 따온 이름.

모양과는 상관없이 이 연구가 두뇌를 만들어내려는 것이 아니라고 모드하는 주장한다. 모드하에 따르면 발명된 이후 아무런 변화가 없었던 기존의 컴퓨터와는 구조가 다른 새로운 컴퓨터를 개발하는 것이 이 연구의 목적이다.

평범한 컴퓨터 칩에서는 하나의 통로를 통해 명령과 데이터가 처리되고, 신호가 이 통로를 지나는 최고 속도가 그 컴퓨터의 최고 속도가 된다. 모드하의 연구팀이 개발하는 칩 구조에서는, 각각의 인공 뉴런이 별도의 통로를 갖기 때문에 태생적으로 엄청난 규모의 병렬처리가 가능하다. 모드하는 말한다. "지금 개발 중인 것은 기본적 구조로 다양한 응용 분야에서 사용될 수 있는 기반 기술입니다."

조지아주립대학 신경과학자 돈 에드워즈(Don Edwards)는 이 연구의 성공은 30년에 걸친 뇌신경망 형태의 컴퓨터 기술 개발에 정점을 찍는 일이 될 거라고 설명한다. 경쟁을 펼치고 있는 IBM사도 놀라움을 금치 못한다. 시애틀에 본사를 둔 크레이사 부사장 베리 볼딩(Barry Bolding)은 "신경망 형태의 정보처리 방법은 기존의 컴퓨터로는 풀기 어렵거나 푸는 것이 불가능한 문제를 푸는 데 효과적입니다"라고 말한다.

모드하는 인지 컴퓨팅 체계는 기존 컴퓨터의 대체용이 아닌 보완용이며, 실세계에서 얻는 잡음 많은 정보를 먼저 처리해서 기존 컴퓨터가 다루기 쉬운 모습으로 제공하는 형태일 것이라고 말한다. 예를 들면 모드하가 개발하는 컴퓨터는 얼굴 등의 패턴을 인식하는 능력이 뛰어나므로 군중 속에서 특정 얼굴을 찾아내어 기존 컴퓨터에 이 정보를 넘겨주는 방식을 생각할 수 있다.

이런 이야기가 인간을 뛰어넘는 기계가 출현했다는 소식처럼 들리는가? 그렇다면 이런 칩들이 수학에 매우 약하다는 것이 다소 위안이 될지도 모른다. 모드하는 덧붙인다. "일반 컴퓨터에서 아주 빠른 더하기나 빼기를 하는 것이

3-1

두뇌와 구조가 유사한 이들 컴퓨터에서는 굉장히 비효율적입니다. 두뇌가 컴퓨터보다 계산에 약하듯이 말이죠. 서로가 상대방을 대체할 수는 없는 노릇입니다."

3-2 분자를 이용한 양자 컴퓨팅

닐 거센펠트·아이작 추앙

암호를 풀려면 간혹 400자리 숫자를 소인수분해해야 할 경우도 있다. 이는 현존하는 가장 빠른 슈퍼컴퓨터를 이용해도 몇십억 년이 걸리는 일이다. 그러나 양자역학적 움직임을 이용한 완전히 새로운 형태의 컴퓨터는 몇 년 정도면 이 작업을 할 수 있으므로 현재 사용되는 가장 정교한 암호화 기법조차 무력화하는 것이 가능하다. 물론 아직 실용적인 양자 컴퓨터를 만들어낸 사람은 아무도 없으므로 지금 당장 중요한 정보의 보안을 걱정할 필요는 없다. 그러나 연구자들은 이미 가능성을 보여주었다. 이러한 컴퓨터는 지금의 컴퓨터와는 전혀 다른 모습일 것이다. 아마도 컴퓨터보다는 그 옆에 놓인 커피잔에 가까울지도 모른다.

우리를 비롯한 여러 연구팀은 액체 상태 분자에 기반한 양자 컴퓨터가 언젠가는 기존 컴퓨터의 단점을 극복할 수 있으리라 믿는다. 트랜지스터와 전선의 크기가 원자보다 작아질 수는 없으므로 소형화를 통해 기존 컴퓨터를 개선하는 방법은 언젠가는 물리적 한계에 부딪히게 마련이다. 비단 이 때문이 아니더라도 성능 향상을 뛰어넘는 제조 비용의 급격한 상승 등 현실적 이유도 문제가 된다. 그러나 양자역학의 마술로 이 두 가지 문제 모두를 해결할 수 있다.

양자 컴퓨터의 장점은 정보의 기본 단위인 비트(bit)를 다루는 방법에 있다.

이 글의 필진은 탁상용 양자 컴퓨터에서 핵심적 요소를 개발 중이다. 몇 년 이내에 현재 연구용으로 이용되는 상업용 NMR 스펙트로미터를 뛰어넘는 성능을 보일 것으로 예상된다.

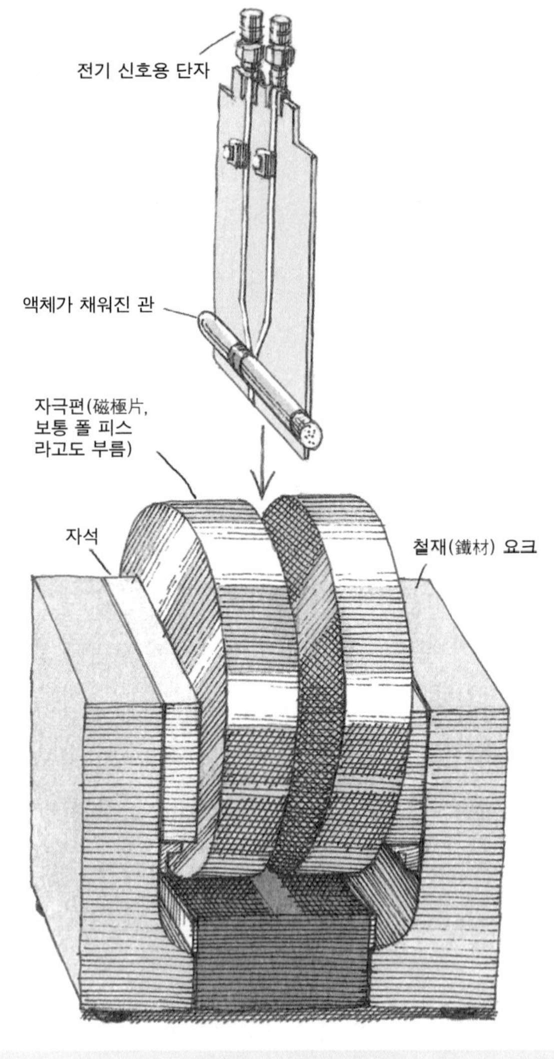

© Dusan Petricic

일반 컴퓨터에서 한 비트는 0 또는 1의 값을 갖는다. 그러므로 n개의 비트로 이루어진 숫자는 1과 0의 조합이 된다. 두 가지 상태의 원자를 이용해서 표현되는 큐비트(qubit)라 불리는 양자 비트는 각각 1과 0을 의미한다. 큐비트 두 개가 있으면 컴퓨터에 두 개의 비트가 있는 것과 마찬가지고 네 가지 상태(1과 1, 1과 0, 0과 1, 0과 0)를 표현할 수 있다.

그런데 큐비트는 일반 컴퓨터의 비트와는 달리 동시에 0과 1의 상태에 존재할 수 있고 이때 각각의 상태에 존재할 확률이 계수(coefficient)로 표현된다. 그러므로 2개의 큐비트에는 4개의 계수가 있게 된다. 일반적으로 n 큐비트에는 2^n개의 계수가 필요하고 n이 커질수록 필요한 계수가 급격히 많아진다. 이 정도면 현재 가장 용량이 큰 컴퓨터로도 감당이 되지 않는 수준이다. 양자 컴퓨터는 동시에 여러 상태에 존재할 수 있다. 이는 중첩(superposition)이라는 현상으로 동시에 모든 상태에서 동작할 수 있기에 엄청난 위력을 발휘한다. 그러므로 양자 컴퓨터는 태생적으로 한 개의 칩만으로도 엄청난 양의 계산을 병렬로 처리할 수 있다.

원격 동작

큐비트에는 신기하면서도 유용한 또 다른 특징이 있다. 두 광자(photon)의 진동하는 전기장 방향(polarization : 극성)이 서로 반대되면서 하나는 왼쪽으로, 또 하나는 오른쪽으로 방출되는 상황을 생각해보자. 양자역학적으로 볼 때 광자의 극성은 감지되기 전까지는 결정되어 있지 않다. 알버트 아인슈타인을 비롯한 여러 물리학자들이 20세기 초에 밝혀냈듯이 한 광자의 극성을 측정하려고 하면 다른 광자의 극성도 결정된다. 그것도 두 광자 사이의 거리에 관계없이. 멀리 떨어진 두 광자 사이에서 이런 일이 일어나는 것은 정말로 매우 신기한 현상이다. 이러한 현상 때문에 양자 시스템에서는 큐비트를 연결해주는 얽힘(entanglement)이라는 으스스한 연결이 가능해진다. 오스트리아 인스브루크대학 안톤 자일링거(Anton Zeilinger)는 동료들과 함께 이러한 특성을 이용한 양자 순간이동(teleportation)을 시연하기도 했다.

1994년 AT&T사의 피터 쇼어(Peter W. Shor)는 얽힘과 중첩을 이용해서 정수의 소인수를 찾아냈다. 그는 양자 컴퓨터가 이론적으로는 이 작업을 기존의 가장 빠른 컴퓨터보다 더 빠르게 수행할 수 있다는 것을 알아냈다. 이러한 결과는 엄청난 영향을 주었다. 큰 수의 소인수를 찾는 것이 어렵다는 전제하에 개발된 암호화 기법의 타당성이 곧바로 의심받게 된 것이다. 대부분의 금융거래가 이런 암호화 기법을 이용해서 보호되고 있었으므로 쇼어의 발견에 전 세계 전자 업계는 충격을 받았다.

아무도 이런 혁신적 방법이 컴퓨터과학이나 정수론(整數論) 이외의 분야에서 튀어나오리라 생각지 못했다. 결국 쇼어의 알고리즘으로 인해서 컴퓨터과학자들은 앞다투어 양자역학을 공부하기 시작했고, 덩달아 물리학자들도 컴퓨터과학에 손을 대기 시작한다.

스핀 조작하기

쇼어의 발견을 이용해보려는 연구자들은 누구나 실제로도 유용한 양자 컴퓨터를 만드는 것이 극도로 어려운 일임을 알고 있다. 문제는 양자 시스템을 측정하려면 양자 시스템과 주변 환경의 상호작용이 일어날 수밖에 없다는 데 있다. 이를 통해서 양자역학적으로 중첩된 상태가 관측자에 의해서 감지되고, 양자의 상태가 결정된다. 결어긋남(decoherence)으로 알려진 이 현상으로 인해서 더는 양자 계산을 하는 것이 불가능해진다. 그러므로 양자 컴퓨터 내부의 동작은 어떤 식으로건 외부와 격리되어야 한다. 하지만 이와 동시에 계산의 입력과 수행 및 결과를 알아내는 데 내부 접근이 필요하다.

미국표준기술연구소 크리스토퍼 먼로(Christopher R. Monroe), 데이비드 와인랜드(David J. Wineland)와 캘리포니아공과대학 제프 킴블(H. Jeff Kimble)이 했던 우아한 실험을 포함한 이전의 연구는 이 문제를 양자역학적 부위를 분리해내는 방식으로 해결하려 했다. 자기장이 몇 개의 대전된 입자를 붙잡아두면 이 입자들을 순수한 양자 상태에 머무르게 할 수 있다. 그러나 이처럼 번뜩이는 아이디어로 만들어낸 기기조차 단 몇 비트만 다루어도 금방 결맞음(coherence)이 무너져버렸다. 따라서 이런 역사적 실험도 아주 기본적인 양자 조작이 가능하다는 사실만 보여주었을 뿐이다.

양자 컴퓨터가 외부와 격리되어야 한다면 대체 어떻게 이용이 가능할까? 1997년, 우리는 일반적 액체가 초기 조건 설정, 얽힌 중첩에 논리 연산 수행하기, 결과 읽어내기 등 양자 계산의 모든 단계를 동일하게 수행할 수 있음을 알아냈다. 하버드대학, 매사추세츠공과대학 연구팀과 함께 수행한 연구를 통해서 핵자기공명(nuclear magnetic resonance, 이하 NMR) 기술(MRI와 유사한 기술)을 액체에 적용했으며 양자 정보를 표현하고 다룰 수 있었다. 하나가 아니라 엄청나게 많은 수의 양자 컴퓨터를 사용해 적절한 분자로 이뤄진 액체를 시험용 튜브에 담으면 결어긋남 문제와 유사해진다. 각각의 큐비트를 엄청난 양의 분자로 표시하면 측정을 통해 몇몇 분자하고만 상호작용을 일으키게 할 수 있다. 사실 복잡한 분자 연구에 몇십 년간 NMR을 이용해온 화학자들은 자신도 모르는 사이에 양자 컴퓨팅을 하고 있었던 셈이다.

NMR은 액체 분자에 있는 원자핵의 양자를 조작한다. '스핀(spin)'하는 입자는 작은 자석 막대기처럼 움직이고 외부에서 자기장이 만들어지면 이를 따라 일렬로 늘어선다. 두 가지 정렬 방법(외부 자기장과 평행이든지 반대 방향으로 평행인) 각각은 서로 다른 에너지를 가진 두 가지 양자 상태에 해당하며, 자연스럽게 큐비트를 구성한다. 평행 스핀은 1, 반대 방향 평행 스핀은 0이라고 생각하면 이해하기 쉽다. 평행 스핀은 반대 방향 평행 스핀보다 외부 자기장 크기에 따라 결정되는 값만큼 에너지가 작다. 보통 액체 속에는 스핀이 서로 반대 방향인 양자가 똑같은 수로 존재한다. 그러나 외부에서 자기장이 가해지면 평행 스핀의 수가 많아지므로 두 상태 사이에 약간 불균형이 일어난다. 어쩌면 원자핵 100만 개 가운데 하나에 불과할 이 미세한 차이가 NMR 시험에서 검출되는 것이다.

이처럼 고정된 배경 자기장에 더해서, NMR은 가변 전자기장도 이용한다.

딱 맞는 주파수(고정 자기장 크기와 관련 입자의 고유한 특성에 의해서 결정되는)로 진동하는 자기상을 가하면, 특정 스핀은 뒤집어진 상태가 된다. 이런 특성을 이용하면 임의로 스핀을 조절할 수 있다.

예를 들면 10테슬라의 고정된 자기장에 놓인 양자(수소핵)는 전파에 속하는 주파수인 400메가헤르츠로 진동하는 자기장에 의해서 방향이 바뀐다. 전파가 켜진 상태에서는 보통 몇백만 분의 1초 만에 고정된 자기장 방향과 수직인 진동하는 자기장 방향으로 스핀을 바꾼다. 진동하는 전파가 스핀을 180도 바꿀 정도로 오래 지속된다면, 이전에 고정된 자기장과 평행하게 정렬되어 있던 초과된 자기핵은 이제 180도 방향이 바뀐다. 이 시간의 반만큼 전파가 가해지면 입자들이 평행과 반대 방향 평행이 될 확률이 반반이다.

양자역학적 용어로 표현하면, 스핀은 0과 1의 두 상태 모두에 동시에 존재한다. 일반적으로 이런 상태를 입자의 회전축이 고정된 자기장에 대해 90도 기울어진 것으로 표현한다. 그랬을 때 중력을 무시하고 비스듬히 돌고 있는 팽이처럼 회전하는 입자의 회전축은 자기장에 대해서 특정한 주파수로 세차운동(歲差運動, precession)을* 한다. 이 과정에서 방출되는 아주 약한 전파를 NMR이 감지하는 것이다.

*넘어지려는 팽이의 축이 원뿔꼴을 그리며 하는 운동.

사실 NMR 실험에서 각각의 원자핵이 주변 자기장에 영향을 주기 때문에 입자는 주어진 자기장의 영향만 받는 것은 아니다. 액체에서는, 분자가 서로에 대해서 일정한 운동을 하면 이런 국지적 자기장의 영향은 상쇄된다. 그러

자기핵의 움직임은 회전하는 팽이와 비슷하다. 보통 회전축은 지속적으로 가해지는 자기장의 방향을 향한다(가운데 그림). 자기장이 적절하게 진동하면 스핀 방향을 바꿀 수 있게 된다. 예를 들면 180도의 펄스는 스핀하는 핵의 방향이 완전히 반대가 되게 할 수 있다(왼쪽 그림). 90도 펄스는 자기장의 방향이 일정할 때(화살표 방향) 스핀 방향이 이와 수직이 되도록 한다. 일단 이렇게 되면, 스핀의 회전축은 어린이들의 장난감 팽이처럼 천천히 회전하게 된다.

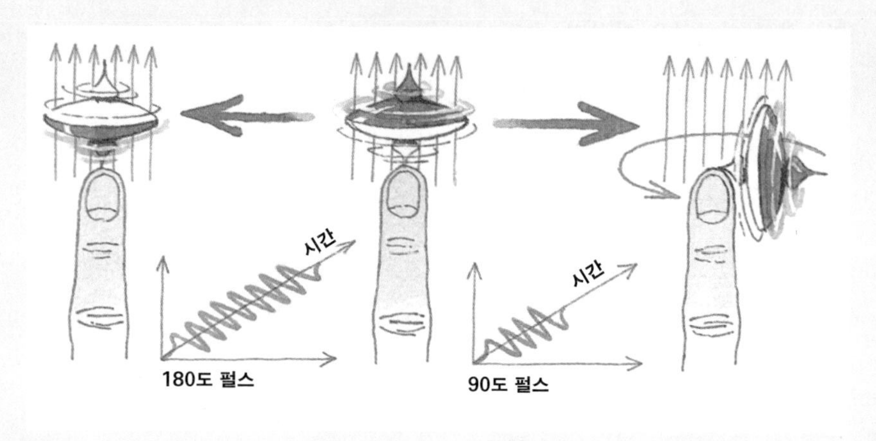

나 하나의 분자 내에서 하나의 원자가 만들어낸 자기장이 두 원자 주위를 도는 전자에 동시에 영향을 미친다면 이 자기장의 영향이 다른 원자에 미칠 수는 있다.

분자 내부에서 일어나는 이러한 작용은 문제가 된다기보다는 상당히 유용하다. 덕택에 두 원자핵 스핀을 이용해 컴퓨터의 기본적 구성 요소인 논리 게이트를 구현하게 된다. 우리는 클로로포름($CHCl_3$)을 이용해 투스핀(two-spin) 실험을 했는데 수소의 스핀과 탄소핵의 상호작용을 이용하는 데 관심이 있었다. 탄소 12의 핵에는 스핀이 없으므로, 중성자가 하나 더 많은 탄소가 든 클로로포름을 이용했다.

수소의 스핀이 위나 아래, 즉 수직으로 가해지는 자기장에 대해서 평행 혹은 역평행 방향인 반면 탄소의 스핀은 항상 위쪽으로, 고정된 자기장에 평행이라고 해보자. 적절한 전파 펄스를 가하면 탄소의 스핀을 아래쪽으로 회전시켜 수평면 쪽으로 움직일 수 있다. 그러면 탄소핵은 수직축에 대해서 세차운동을 하게 된다. 이때 세차운동 속도는 그 분자 안의 수소핵이 가해진 자기장에 평행이 되는지에 따라 결정된다. 짧은 시간이 지난 후 탄소는 이웃한 수소의 스핀이 위인지 아래인지에 따라 한쪽 방향을 향하든가 정확히 반대 방향을 향한다. 이때 전파 펄스를 가해서 탄소핵을 90도 회전시킨다. 이 동작은 이웃한 수소가 위를 향하고 있다면 탄소핵을 아래쪽으로, 아래를 향하고 있다면 위쪽으로 회전시킨다.

이러한 조작은 한 입력의 상태가 다른 입력의 상태를 반전시켜 출력되게 하므로 전기공학 엔지니어들이 배타적 논리합(exlcusive-OR)이라고 부르는, 어떤 면에서는 제어된 부정연산자(controlled-NOT) 게이트라고 부르는 편이 적절한 논리 게이트의 동작과 같다. 기존의 컴퓨터에는 입력이 2개인 논리 게이트와 더불어 입력이 하나인 NOT 논리 게이트도 필요하다. 반면에 1995년 일부 연구팀은 개별 스핀을 회전시키는 동작과 controlled-NOT 게이트를 이용해 양자 컴퓨터를 만들 수 있다는 사실을 보여주었다. 사실 이런 식의 양자 논리 게이트는 이들이 이용하는 스핀이 위아래 중첩 상태를 가질 수 있으므로

CNOT(controlled-NOT) 논리 게이트는 두 입력 가운데 하나의 상태를 나머지 하나의 상태에 따라 출력에 반영한다. 필진은 클로로포름 분자에 포함된 수소와 탄소의 핵스핀을 이용해서 양자 CNOT 게이트를 구현했다. 우선 진동하는 펄스가 탄소핵의 스핀을 선택적으로 90도 바꾼다. 그러면 이 핵이 빠르게(이웃한 수소가 같은 상태에 있다면) 혹은 느리게(이웃한 수소가 반대 상태에 있다면) 세차운동을 한다. 시간이 조금 흐른 뒤 새롭게 90도 펄스를 가하면 탄소의 스핀 방향이 이웃한 수소의 상태에 따라 뒤집히든가(왼쪽 그림) 그대로 유지된다(오른쪽 그림).

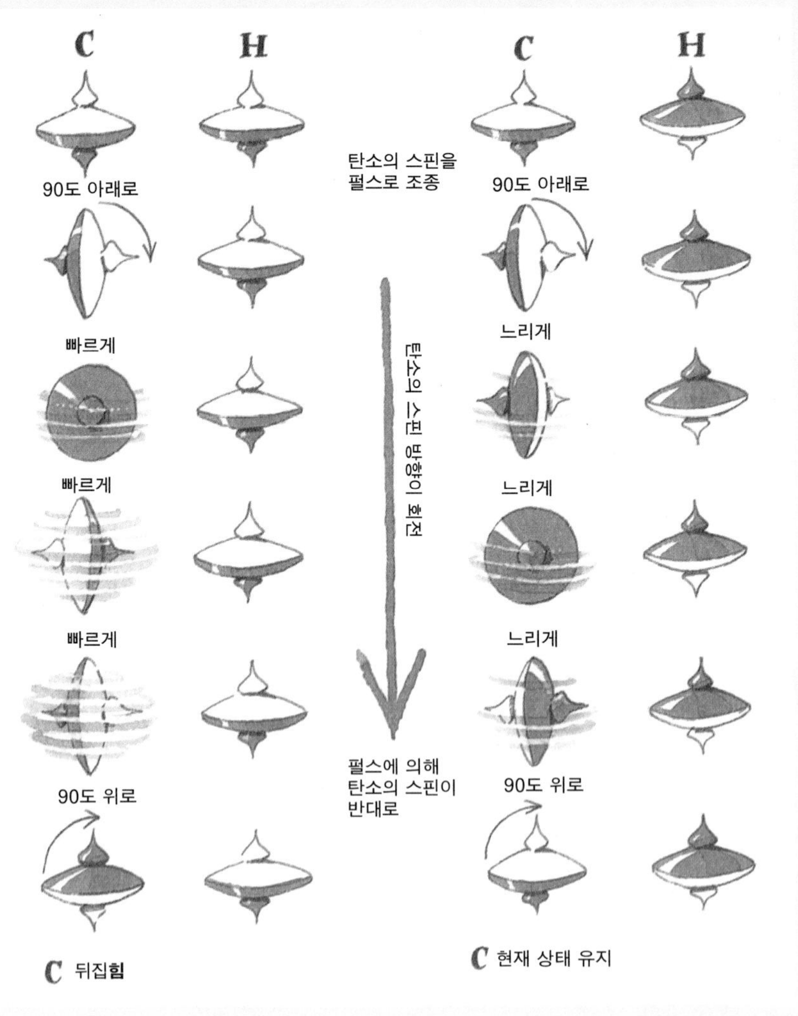

기존의 논리 게이트보다 훨씬 유용하다. 그러므로 양자 컴퓨터가 겉보기에 함께 사용될 수 없을 것으로 보이는 입력의 조합을 받아들이는 것도 가능하다.

양자 컴퓨터의 제조

1996년 우리는 캘리포니아주립대학 버클리 캠퍼스의 마크 큐비넥(Mark G. Kubinec)과 함께 극소량의 클로로포름을 이용해 2비트 양자 컴퓨터를 제작했다. 고작 2비트 컴퓨터였지만 이 컴퓨터에 쓸 입력을 만들어내기는 쉽지 않았다. 전파 펄스가 실험용 액체 안에 있는 수많은 원자핵을 움직여서 스핀이 모두 정렬되도록 해야 했기 때문이다. 그러고 나서야 큐비트들을 차례로 조작할 수 있었다. 큐비트는 계산이 수행될 때 수많은 논리 게이트의 상태가 체계적으로 변하는 일반적인 전자회로 컴퓨터에서의 비트와는 달라서 NMR을 다양하게 조작해서 논리회로의 동작을 구현한다. 쉽게 표현하면, 프로그램이 연속된 전자파 펄스의 조합으로 변환되는 것이다.

양자 컴퓨터의 특성을 살린 첫 번째 계산에는 벨연구소(Bell Laboratories) 로브 그로버(Lov K. Grover)가 고안한 독창적 검색 알고리즘이 이용되었다. 보통 n개의 데이터에서 원하는 데이터를 찾으려면 평균적으로 데이터를 $\frac{n}{2}$번 찾아봐야 한다. 그런데 놀랍게도 그로버의 양자 검색 알고리즘을 이용하면 대략 $\sqrt{n}$번 만에 원하는 값을 찾을 수 있다. 우리의 프로그램에서는 네 가지 데이터 중에서 원하는 데이터를 한 번 만에 찾을 수 있었다. 이 문제는 비밀번호가 2비트인 자물쇠의 비밀번호를 알아맞히는 것과 마찬가지다. 첫 번째 시도 양자적 기법을 이용하면 적은 회수의 시도만으로도 자물쇠의 비밀번호를 알아낼 수 있다. 2비트로 된 비밀번호를 찾아내려면 최대 4번의 시도를 해야 한다(위 그림). n비트로 이루어진 비밀번호를 찾아내려면 평균적으로 $\frac{n}{2}$회의 시도가 필요하다. 양자 자물쇠는 동시에 여러 상태를 가질 수 있기 때문에 그로버의 알고리즘을 이용하면 $\sqrt{n}$번 만에 답을 찾을 수 있다. 그림의 2비트 양자 자물쇠의 예에서는 한 번 만에 답을 찾을 수 있다(아래 그림). 다이얼에 적힌 숫자는 각각의 양자 상태가 비밀번호일 확률이다.

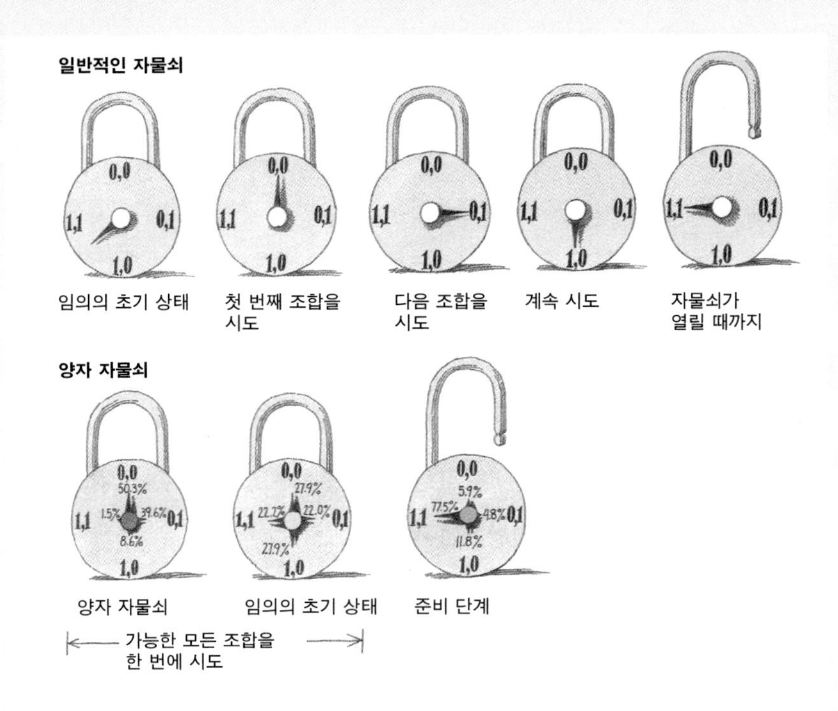

에서 곧바로 비밀번호를 맞히기는 어렵다. 사실, 일반적인 방법으로는 적어도 두 번이나 세 번의 시도 끝에 자물쇠를 열 수 있다.

클로로포름을 이용한 컴퓨터의 근본적인 한계는 큐비트 수가 적다는 점에 있다. 큐비트 수를 늘릴 수는 있지만 n의 값은 사용한 분자에 들어 있는 원자의 개수보다 클 수 없다. 현존하는 NMR 장비로는 가장 큰 양자 컴퓨터도 10큐비트(분자의 자화된 원자핵의 수가 증가하면 실온에서 신호의 세기가 급격하게 감소하기 때문이다)에 불과하다. 적절한 분자 주위에 특수한 NMR을 장착하면 서너 배 정도 큐비트를 증가시킬 수 있을 것이다. 그러나 스핀을 냉각시키려면 광학 펌프 등 추가적 기술이 필요하고 여전히 컴퓨터는 상당히 커야만 할 것이다. 레이저 광선을 이용하면 액체를 얼지 않게 만들어 결맞음 시간이 오래 지속되도록 하면서도 원자핵 정렬에 도움이 되고 분자의 열운동을 효과적으로 제거할 수 있다.

더 큰 양자 컴퓨터를 만드는 것도 가능하다. 이런 컴퓨터의 속도는 얼마나 될까? 양자 컴퓨터의 속도는 스핀이 뒤집히는 속도에 따라 결정된다. 이 속도는 스핀들끼리의 상호작용에 의해 결정되는데 보통 1초에 몇 번에서 몇백 번 사이이다. 최신 컴퓨터에 비하면 엄청나게 느리게 느껴지는 속도겠지만, 충분한 큐비트를 가진 양자 컴퓨터는 대량의 병렬처리를 통해 1년 안에 400자리 숫자의 인수분해를 마칠 수 있다.

이런 성능 때문에 양자 컴퓨터 제조에 대한 관심이 매우 높을 수밖에 없다. 많은 원자로 이루어진 분자를 찾는 건 문제가 아니다. 분자 크기가 증가하면 멀리 떨어진 스핀들 사이의 상호작용이 약해져서 논리 게이트로 쓰기 곤란해진다는 점이 오히려 문제가 된다. 그렇다고 모든 가능성이 사라진 건 아니다. 매사추세츠 공과대학 세스 로이드(Seth Lloyd)는 이론적으로는, 각각의 원자가 오늘날의 병렬처리 컴퓨터처럼 이웃한 원자들 가운데 몇몇하고만 상호작용을 해도 강력한 양자 컴퓨터를 만들 수 있음을 증명했다. 이런 종류의 양자 컴퓨터는 고분자 단화수소 분자와 NMR 기술을 이용해서 만들 수 있다. 서로 연결되어 있는 여러 원자핵의 스핀을 큐비트로 이용하는 것이다.

실질적으로 NMR을 이용해서 계산을 할 때 결맞음은 또 하나의 장벽이 된다. 액체 속 회전하는 원자핵에서는 마치 허둥대는 싱크로나이즈 수영 선수들처럼 몇 초에서 몇 분 사이에 결맞음이 사라진다. 액체의 가장 긴 결맞음 시간을 사이클 타임(cycle time)과 비교해보면, 양자 결맞음을 유지한 상태에서 대략 1,000번의 동작이 가능하다는 것을 알 수 있다. 다행히 큐비트를 추가해 양자 오차를 수정하는 방법으로 이 시간을 연장할 수 있다.

기존 컴퓨터에서는 이미 오류 검출과 수정에 추가적 비트를 사용하고 있었다. 많은 전문가들은 쇼어를 비롯한 여러 연구자들이 양자 컴퓨터에서도 마찬가지 일을 했음을 알고 놀라움을 금치 못했다. 이들은 양자 오류를 수정하려면 시스템을 측정해야 하고 이로 인해서 결맞음이 무너질 거라고 지레짐작했던 것이다. 그러나 외부에서 오류가 일어난 양자 상태를 읽지 않아도 양자 오류를 수정할 수 있다는 점이 드러났다.

양자 컴퓨터의 크기는 여전히 문제가 된다. 하지만 언젠가는 소형화가 가능할 것으로 보인다. 양자 컴퓨터는 아주 고성능이 아니더라도 양자역학을 연구하는 곳에서는 매우 뛰어난 도구가 된다. 이 장비를 이용해 적절한 프로그램을 수행시키기만 하면 다른 양자 시스템을 연구할 수가 있다.

역설적으로 양자 컴퓨터는 극단적으로 작은 크기의 마이크로 칩을 설계하는 과학자와 엔지니어들이 문제와 맞닥뜨릴 때 도움이 될 수 있다.

기존 컴퓨터는 양자역학 문제를 푸는 데 적합하지 않지만 양자 컴퓨터는 쉽게 할 수 있다. 그래서 캘리포니아공과대학의 고(故) 리처드 파인만(Richard Feynman)이 양자 컴퓨터에 지대한 관심을 쏟았던 것이다.

어쩌면 양자 컴퓨터에서 가장 바람직한 부분은 양자 컴퓨터를 만들기 위해 원자 수준의 미세회로를 만들어야 하거나 나노 기술 같은 것을 필요로 하지 않는다는 점일 것이다. 사실, 자연은 이미 기본적인 요소를 조합해서 만들어져 있다. 평범한 분자를 이용해서 계산을 하는 방법은 이미 알려져 있었다. 우리가 이를 적절히 이용하지 못했던 것뿐이다.

3-3 광학 신경망 컴퓨터

야세르 아부-모스타파·데미트리 프살티스

세 살짜리 어린아이가 아무렇지도 않게 사진에서 나무를 지목하는 모습은 컴퓨터 과학자들을 아주 당혹스럽게 만든다. 가장 강력한 슈퍼컴퓨터가 정교하게 만들어진 프로그램을 수행해도 패턴 인식이라는 이런 작업을 제대로 해내기 쉽지 않다. 반면 인간에게는 너무나 어려운 작업을 컴퓨터가 아주 쉽게 해내기도 한다. 간단한 계산기도 10의 자리 수 둘을 곱할 때 인간보다 답을 찾는 데 훨씬 뛰어나다. 컴퓨터가 숫자를 곱하는 것에 비해 물체를 인식하는 것을 훨씬 어려워하는 이유는 무엇일까? 왜 컴퓨터는 나무를 알아보기 힘들어할까?

이 질문에 대한 답을 찾기 어려운 것은 사실 패턴 인식이 무엇인지 명쾌하게 정의되지 않았기 때문이다. 사진에서 나무를 찾아내려면 나무에 대한 정의가 필요하다. 나무뿐 아니라 상상할 수 있는 온갖 사물이 마찬가지다. 패턴 인식에 관련된 이런 문제는, 답을 찾기 위해서는 기본적으로 가능한 모든 조건에 대한 정보가 있어야 하는 무작위 문제(random problem)의 일부다. 그러므로 무작위 문제를 풀려면 가능한 모든 답을 기억하고 있다가 주어진 입력과 맞는 것을 재빨리 답으로 골라야 한다. 반대로 곱하기 등의 계산 문제는 알고리즘, 즉 입력된 데이터의 처리에 대해 지정해놓은 명령의 나열로 표현이 가능하다.

일반적인 컴퓨터는 알고리즘에 따라 명령어를 수행하도록 만들어져 있다. 그러나 패턴 인식 문제를 어렵지 않게 푸는 데 필요한, 무엇인가를 기억하고 이를 되살리는 능력은 인간에 비해 한참 떨어진다. 두뇌는 무작위 문제에 아주 강해서, 많은 컴퓨터 과학자와 수학자들은 두뇌의 동작 원리를 찾아내려고 노력해왔다. 뇌의 해부학적 구조를 따라 많은 수의 단순한 프로세서를 복잡하게 얽어서 만든 컴퓨터를 신경망 컴퓨터(neural computer)라고 부른다. 신경망 컴퓨터를 만들 때 화려하게 등장하는 기술이 있는데 바로 광학(光學)이다.

많은 수의 연산 요소를 연결하는 등 신경망 컴퓨터의 특징적 부분에 강점이 있는 광학 기술은 신경망 컴퓨터 개념에 딱 들어맞는다. 반면 광학의 약점은 프로세서 수준에서의 섬세한 논리 동작에 약하다는 것인데 이 부분은 신경망 컴퓨터에서는 그다지 중요하지 않다. 일반 컴퓨터의 반도체 기술이 알고리즘에 힘입어 기술적 문제를 해결하는 반면, 신경망 컴퓨터의 광학 기술로 언젠가는 무작위 문제를 효과적으로 다룰 수 있을 것이다. 사실, 캘리포니아 공과대학에 있는 우리의 연구실에서는 이미 광학 신경망 컴퓨터 개발의 첫 단계라고 할 수 있는 실험적인 패턴 인식 시스템 개발을 마쳤다.

컴퓨터에서 사용하는 기술(광학, 전자회로 기술 등)이나 수행하는 기능(곱하기, 패턴 인식 등)과 무관하게, 컴퓨터 내부에서 문제를 풀 때는 논리 동작과 데이터 전송이라는 두 가지 핵심적 동작이 일어난다. 이처럼 본질적인 면을 바라보면 특정 컴퓨터 기술의 장단점을 쉽게 파악할 수 있다. 반도체 기술을 이용하면 아주 작고 내구성이 높은 스위치를 제작해 정교한 논리회로를 만들 수 있지만 그런 마이크로 칩 회로는 내부 데이터 전송에 제약이 따른다. 칩에서 통신 경로를 만들 때는 최소 길이가 필요하기 때문이다. 그렇지 않으면 간섭으로 인한 혼선이 발생한다. 이런 실질적 제약 때문에 칩에 새겨 넣을 수 있는 전선의 수가 제한되고 결과적으로 칩에서의 데이터 송수신이 제한되는 결과가 야기된다.

이러한 데이터 송수신의 제약에서 자유로운 컴퓨터를 만드는 기술은 없을까? 안구 수정체의 동작에서 힌트를 얻을 수 있다. 수정체는 수정체 위의 몇백만 개의 점에서 받아들인 빛을 망막에 있는 몇백만 개의 감지 기관에 전달한다고 볼 수 있다. 그렇다면 수정체는 굉장히 성능이 좋은 연결 기관인 셈이다. 눈동자의 모든 점에서 나온 빛이 망막에 초점을 맞춘 영상의 모든 점과 '연결되는(connected)' 것이다. 게다가 여러 광원에서 나온 빛이 동시에 수정체를 통과하면서도 여전히 섞이지 않는다. 사실, 전선을 따라 흐르는 전류와 달리 두 광원에서 나온 빛은 서로 영향을 주고받지 않으면서 교차할 수 있다. 신경망 컴퓨터에서 광학 기술이 반도체 기술과 확실하게 차별되어 엄청난 양의 정보망을 구현할 수 있는 이유가 바로 여기에 있다.

광학 소자는 빛을 이용해서 통신하므로 전선으로 연결할 필요도 없고 실리콘 칩처럼 평면이라는 제한된 공간에 놓일 필요도 없다. 사실 광학적 연결은 초(超)대규모 집적회로에서 통신 병목현상을 극복하는 방법으로 이미 고려되고 있다. 이런 칩에서 연산 부분은 전기적이지만, 각 부분 사이의 통신은 광학적으로 이루어지며 보통 발광(發光) 장치와 수광(受光) 장치가 칩 내부에 설치

된다.

임의의 광학 연결에 가장 효과적인 방법은 렌즈가 아닌 홀로그램을 이용하는 것이다. 홀로그램은 보통 3차원 영상을 만들어내는 방법으로 알려져 있지만, 실은 빛의 강도와 방향을 기록하고 재현하는 기술이다. 렌즈는 받아들인 빛을 투영 면의 특정 위치로만 보내는 반면, 홀로그램은 이 기능을 자유롭게 '프로그래밍'할 수 있다.

사진 필름처럼 얇은 매체를 이용해서 만들어지는 평면 홀로그램은 한쪽 면으로 들어온 빛을, 들어온 빛 가닥(light beam)의 수가 받아들이는 점의 개수보다 많지 않다면 반대쪽 면의 어느 점으로든 보낼 수 있다. 1평방인치 면적의 홀로그램이 빛을 받아들이는 점의 수는 1억에 이른다. 달리 말하면 1만 개 광원을 1만 개 광센서와 연결할 수 있다는 의미다. 반도체 칩에서 이런 수준의 연결을 만들어내기는 대단히 어렵다.

더욱 놀라운 것은 빛을 굴절시키는 수정(crystal)에서 만들어진 입체 홀로그램이 빛을 전달한다는 점이다. 수정이 빛에 노출되면 내부에 대전(帶電)된* 전하가 빛의 강도에 따라 배열된다. 수정 내부의 부위에 따른 전하 밀도가 각 부위의 굴절률(빛이 물질을 통과하는 속도의 척도)을 결정하므로, 수정에 투사된 홀로그래픽 영상이 공간에서의 굴절률 형태로 기록된다. 이 영상 정보는 수정에 빛을 쪼여서 재생할 수 있다.

*물질이 양전하 또는 음전하를 띠는 현상.

스위치(마이크로프로세서의 기본 구성 요소)와 (데이터가 저장되는) 메모리처럼

3-3

기존 컴퓨터에 쓰이는 하드웨어도 광학적으로 구현할 수 있다. 스위칭 기능은 비선형(非線形) 광학 물질을 이용해서 만든다. 광학 소재의 불투명한 정도나 굴절률처럼 투과와 관계된 성질이 비춰지는 빛에 따라 변하면 비선형 광학 소재라고 부른다. 갈륨 비소(Gallium arsenide, GaAs)는 대표적 비선형 광학 소재로, 이를 이용하면 2차원 광학 스위치를 만들 수 있다. 비선형 광학 소재를 이용하면 빛으로 다른 빛을 통과시키거나 차단하는 '광학 트랜지스터(optical transistor)'를 만드는 것도 가능하다.

광학 메모리는 기본적으로 입력된 빛을 두 가지 상태 가운데 하나로 바꾸어 2진 데이터(1이나 0)로 만드는 것이다. 광학 메모리는 오디오와 비디오용으로 개발되었으나 컴퓨터의 저장 장치로도 쓰이고 있다.* 그러나 이런 메모리에서 데이터를 읽어낼 때는 빛을 쏘아서 저장된 데이터를 한 번에 한 비트씩, 마치 자기 테이프처럼 읽어내야 한다. 빛을 이용하는 것의 큰 장점이라고 할 병렬로 데이터를 읽고 쓰는 기능이 전혀 없는 것이다. 그러나 초점이 맞지 않는 빛을 적절하게 설계된 광학 기억 장치에 쏘면, 몇백만 비트의 데이터를 한 번에 읽어낼 수 있다.

*compact disk(CD)를 가리킨다.

광학 기술을 이용해서 데이터를 폭넓게 병렬로 읽고 쓰는 기술이 개발되지 않았다는 사실은, 지금까지 이 분야 기술 개발의 목표가 2진 논리 기능을 직렬로 수행하는 데 있었다는 사실을 보여준다. 이런 광학 장치들은 기본적으로 기존 컴퓨터에서 다른 장치들이 하던 기능을 약간 더 효율적이기는 해도 거의 그대로 대치한다. 물론 속도도 빨라지고 용량도 커졌지만 컴퓨터의 기본적인 체계를 바꾸는 것은 아니다. 단지 기존 기능을 광학적인 기술로 대치한 것만으로는 패턴 인식 문제를 다루기 어려운 것은 매한가지다.

그 이유를 알려면 기존의 컴퓨터가 문제를 푸는 방식을 살펴보아야 한다. 앞서 보았듯이 기존 컴퓨터는 알고리즘이라는 개념을 바탕으로 만들어져 있다. 장제법(long division)이* 좋은 예다. 각각의 계산 단계를 풀어내면 단순한 과정으로 설명이 가능하고, 그러면 컴퓨터건 초등학교 6학년 학생이건 누구나 어렵지 않게 이 방법을 이용할 수 있다. 네 자리 숫자를 세 자리 숫자로 나눌 때도, 1,000자리 숫자를 900자리 숫자로 나눌 때도 마찬가지다(특히 초등학생이라면 후자가 계산 시간은 더 걸리겠지만).

*두 자리(10진법에서는 10) 이상 숫자의 나누기 방법 가운데 하나.

알고리즘을 이용해서 푸는 계산 문제들은 구조화되어 있다는 공통점을 갖는다. 즉 문제가 명확하고 간결한 수학적 용어로 표현된다. 컴퓨터가 다루는 대부분의 문제도 마찬가지며, 프로그래머들은 어떤 문제가 주어지면 그에 적당한 알고리즘을 찾으려 하는 것이 일반적이다.

그러나 자연환경에서의 패턴 인식 등의 문제는 단순한 알고리즘으로 접근해서는 풀기 어렵다. 이 문제는 구조화된 문제의 특성과는 완전히 다른 무작위 문제다. 여기서 '무작위(random)'라는 어휘는 '무작위성(randomness)'이라는 수학적 개념에서 비롯된 것으로, 명확한 규칙이 없는 상태를 의미한다. 이런 의미의 무작위성은 무질서도(無秩序度), 혹은 문제를 정의하는 데 필요한 정보량을 뜻하는 엔트로피(entropy)라는 수학적 개념과 연계되어 있다. 무작위 문제를 규정하려면 모든 가능한 상황에 관한 답을 나열할 수 있어야 한다. 따라서 무작위 문제는 구조화된 문제보다 엔트로피가 훨씬 높다.

어떤 문제가 무작위 문제인지 아닌지를 보기 위해 나무 인식 문제를 다시 살펴보자. 대부분의 사람들에게는 나무가 무엇인지 의문의 여지가 없지만 '잎사귀'나 '가지'가 무엇인지 전혀 모르는 지구를 방문한 외계인에게, 혹은 '녹색'이란 개념이 없는 사람에게 나무가 무엇인지 명쾌하게 설명하기는 어렵다. 설령 이런 각각의 개념을 설명할 수 있다 해도 잎사귀, 가지, 녹색은 무수히 종류가 많다. 단순한 몇 가지 예만으로는 나무에서 발견되는 무수히 많은 조합을 모두 포함해서 설명할 수가 없다.

'나무'라는 개념은 엄청난 양의 공통된 경험을 바탕으로 지구에 사는 생명체에 자리 잡은 것이다. 컴퓨터는 외계인이나 다름없어서 이 공통 경험을 공유할 수 없다. 컴퓨터가 무언가를 이해하려면 대상을 명확하고 정확하게 서술할 수 있어야 한다. 나무를 비롯한 일반적인 풍경에는 상당 정도 규칙성이 있지만 수학이나 알고리즘으로는 표현이 불가능한 불규칙성도 상당 부분 존재한다. 나무를 묘사하는 설명은 나무에서 발견되는 공통점에 기반하지만 이러한 설명에 따르면 나무가 아닌 물체도 나무에 포함될 가능성이 있다. 사실, 나무에 관한 아무런 사전 지식이 필요 없는 상태에서도 나무가 아닌 물체를 확실하게 제외할 수 있도록 나무를 정의하려면 이 세상 모든 나무를 하나씩 모두 설명해야만 한다. 이는 무작위 문제의 피할 수 없는 특징이기도 하다. 무작위 문제를 푸는 일이 프로그래머의 생각이 부족하거나, 설명 능력이 떨어져서 어려운 것은 아니라는 뜻이다.

알고리즘을 이용해서 무작위 문제를 풀려면 문제의 정의를 모두 포함하는 알고리즘이 필요하다. 따라서 무작위 문제를 알고리즘으로 푸는 것은 불가능하다. 예를 들면 지문 인식 알고리즘은 모든 형태의 지문을 식별할 수 있어야 한다. 하지만 프로그램 몇 줄에 모든 지문의 형태를 집어넣기란 불가능하다. 현실적으로는 지문을 서로 관련성이 없는 형태로 된 몇 개의 그룹으로 나눌 수밖에 없다. 무작위 문제를 풀려면 기본적으로 가능한 모든 답을 기억하고 있어야 하는 것이다.

광학 기술을 이용하면 데이터의 대량 저장이 가능하지만 실질적으로 무작위 문제를 푸는 데는 이것만으로는 부족하다. 필요한 엄청난 양의 데이터를 무작정 저장해놓고, 이 중에서 하염없이 답을 찾는 방법은 현실적으로 아무 의미가 없다. 게다가 저장된 데이터 혹은 입력 정보가 불완전하거나 부정확할 경우 제대로 된 답을 찾지 못할 수도 있다. 무작위 문제를 푸는 방법의 핵심 요소는 입력 데이터와 똑같은 데이터를 저장된 데이터에서 찾는 것이 아니라, 입력 데이터를 저장된 데이터와 직접 연결하는 것이다.

이런 식의 연계는 생물체의 기억 방법이 지닌 대표적 특징이다. 즉 물체의 특성 일부를 이용해 대상 물체에 대한 정보를 찾아내는 것이다. 낯익은 얼굴을 볼 때 스치는 기억을 생각해보자. 상대의 이름, 그 사람과의 전반적인 관계, 어쩌면 그 사람이 즐겨 쓰는 향수의 향까지도 무의식중에 떠오를 것이다.

3-3

이 사례에서 보듯이 사람은 시각으로 받아들인 정보를 체계적으로 하나씩 알고리즘에 의해서 분석하지 않는다. 오히려 무의식에 의해 이루어지는 무언가가 있다. 체스게임처럼 아주 고도로 구조화된 문제조차, 전문가들은 본능적 감각에 의지해서 실력을 키운다. (사실 컴퓨터가 아직도 체스 선수를 이기지 못하는 것은 체스 선수에게 비장의 '알고리즘'이 있고 컴퓨터는 그렇지 못해서가 아니다.)*

*글이 쓰일 당시(1987년)에는 컴퓨터가 체스 챔피언을 이기지 못했다.

뇌를 해부학적으로 분석하면 입력과 기억이 어떤 방식으로 연결되는지 알아낼 수 있을까? 그리고 그 결과를 광학 기술의 장점과 결합할 수 있을까?

뇌에는 엄청난 수의 뉴런이 역시 엄청난 수의 뉴런과 직접 연결되어 있다. 각각의 뉴런은 '점화(firing)'와 '비점화(not firing)'라는 두 가지 상태 가운데 하나에 있으며 이웃한 뉴런의 상태를 알고 있다. 뇌가 무엇인가를 '계산'할 때 각 뉴런은 이웃 뉴런의 상태를 파악한 뒤 그 결과에 기반해서 앞으로의 상태를 결정한다. 이 같은 뉴런의 망은 상당히 견고해서, 일부 뉴런이 오작동해도 전체적인 기능에는 영향이 없다. (실제로 뇌 속 뉴런이 지속적으로 죽어나가는데도 기억이나 사고 능력은 그럭저럭 유지된다.) 신경망은 협력을 통해서 계산을 수행한다. 각각의 뉴런들이 동시에 수행하는 단순한 동작이 모여 전체적으로 볼 때는 아주 정교한 기능을 발휘하는 것이다.

뉴런의 연결 형태로 인해 단순한 규칙에 기반한 몇천 개의 뉴런이 동시에 집단적으로 서로의 상태에 영향을 준다. 더 중요한 점은, 정보가 별도의 장소에 저장되지 않고 뉴런의 연결 형태로 변환된다는 것이다. 저장된 개별 정보에 따라 뉴런들의 연결 패턴은 달라진다.

컴퓨터가 뇌의 뉴런처럼 구성되어 있다면 무작위 문제를 푸는 데 아주 효과적일 수 있다. 신경망 컴퓨터는 구성 요소(물론 개수가 아주 많아야 한다)들 사이의 연결이 프로그래밍 가능한 저장 장치로 기능한다. 이는 주어진 문제에 대해서 컴퓨터의 기억 장치를 '조절(tune)'한다. 핵심은 신경망 컴퓨터에서의 연결이 무작위 문제의 수많은 답을 저장할 만큼 다양하게 설정되어야 한다는 데 있다.

신속한 학습능력은 신경망 컴퓨터의 또 다른 특징이다. 아이들은 나누기를 배울 때처럼 온갖 규칙을 익히면서 언어를 습득하는 걸까? 다행히 아이들에게는 언어와 경험을 즉각적으로 연계하는 능력이 있어서 그럴 필요가 없다. 그러므로 말하기를 배운다는 것은 귀로 들은 어휘를 특정한 경험과 연계해서 흉내 내는 행동이다. 아이들은 이런 단순한 방법을 통해 언어에서 특정한 패턴을 감지하고 인식한다.

이와 마찬가지로 신경망 컴퓨터 프로그래머는 주어진 문제를 수학적·형식적 형태로 이해할 필요가 없다. 프로그래머가 가능한 답으로 이뤄진 충분한 '훈련용' 데이터를 제공하면 컴퓨터는 각각의 답에 대한 특징적 연결 패턴을 찾아낸다. 달리 말하면 신경망 컴퓨터는 스스로 프로그램을 만들 수 있다는 뜻이다. 예를 들면 신경망 컴퓨터가 여러 가지 모양의 나무들을 인식하게 만들고자 할 때, 나무 사진을 훈련용으로 제공하면 컴퓨터의 연산소자

3-3

가* 각각의 사진에 대해서 특정한 형태로 연결된다. *뉴런에 해당하는 부분.

신경망 컴퓨터는 두 가지 주요 구성품으로 된 광학

부로 이루어져 있다. 첫 번째 구성품은 뉴런의 동작을 흉내 내는 2차원으로 배열된 광학 스위칭 부품이다. 이 부품은 서로 연결된 다른 부품의 상태에 따라 자신의 상태를 변경한다. 평면에 배치된 각 부품은 다른 모든 부품과 광학적으로 직접 연결된다. 두 번째 구성품은 스위칭 부품들의 연결을 지정해주는 홀로그램이다. 신경망 컴퓨터에서는 연결 상태 자체가 메모리인 셈이므로 신경망 컴퓨터로 한 가지 문제만 풀 생각이 아니라면 연결 상태를 변경할 수 있어야 한다.

스위치 배열은 반도체 소재 가공 기술을 이용해 만들어진다. 각 스위치는 순수한 광학 스위치일 수도 있고 수광부(受光部)와 발광부(發光部), 전자회로가 조합된 형태일 수도 있다. 가능한 연결의 수는 스위치 부품 개수의 제곱근과 같다. 연결 내용을 입체 홀로그램을 이용해서 지정하면, 수정의 부피는 전체 연결 수에 비례하게 된다.

부피가 1입방센티미터인 홀로그램은 이론적으로 1조 개 이상의 연결을 지정할 수 있다. 즉 100만 개 이상 되는 광학 스위치 사이의 모든 연결을 감당할 수 있다는 뜻이다. 3차원 연결을 가능하게 하는 입체 홀로그램 덕택에 광학 신경망 컴퓨터는 엄청난 메모리 용량을 가질 수 있다. 홀로그램을 패턴 인식에 사용하는 경우, 식별해야 하는 모든 영상의 홀로그램을 만들면 된다.

캘리포니아 공과대학의 우리 연구실에서는 이 같은 광학 신경망 컴퓨터를 만들기 위한 몇 가지 실험을 진행했다. 그중 한 실험에서는 1만 개 이상의 뉴런을 흉내 내어 1만 개의 작은 부품으로 2차원 배열을 만들어냈다. 각각의 부품에서는 뒷면에 입사되는 빛의 강도에 따라 전면의 반사율이 두 가지 상태로 변화한다. 뒤에서 비춰지는 빛에 따라 마치 뉴런처럼 두 가지 상태를 왔다 갔다 하는 것이다. 한 쌍의 평면 홀로그램, 렌즈, 거울, 바늘구멍 배열이 각각의 부품이 얼마만큼 빛을 받아들이는지를 정한다. 즉 이 부품들 사이의 연결 관계를 결정하는 것이다. 두 홀로그램에는 같은 영상이 들어 있는데 한쪽 영상의 경계선 부위가 더 선명하다. 전체 시스템은 광학적으로 '닫힌 고리(loop)' 형태로 만들어져 있어서 지속적으로 되먹임(feedback)을 받는 구조다.

인식하고자 하는 영상은 이를 수광부 앞쪽으로 반사시키는 시스템에 의해서 투사된다. 렌즈, 거울, 바늘구멍의 배열이 입력된 영상이 두 홀로그램에 저장된 영상과 상호작용하도록 하고 저장된 영상 가운데 입력된 영상과 가장 가까운 영상이 두 번째 홀로그램에서 가장 밝게 보이도록 만든다. 두 번째 홀로그램에서 나온 빛이 스위치 뒤쪽에 입력되면, 각 스위치의 반사율이 조절되어 입력된 영상에 가장 가까운 영상이 다시 시스템에 입력되도록 한다. 이 과정을 반복하면서 시스템이 찾아낸 영상이 더는 변화 없이 고정(lock)되면 최종적인 출력 영상이 된다. 결과적으로 시스템은 저장된 영상 중 어떤 것이라도 인식할 수 있는 셈이다. 심지어 영상 일부분만이 입력되었을 때도 마찬가지다.

필자는 무작위 문제를 푸는 컴퓨터를 만들기 위한 최선의 방법은 신경 구조를 이용하는 것이라고 확신한다. 그리고 광학 기술은 이런 용도에 아주 잘 들어맞는다. 신경망 컴퓨터에는 아주 많은 스위치가 필요하고, 각각의 스위치는 켜지거나 꺼지거나 둘 중 한 가지 상태만 구현하면 된다. 다행히 아주 많은 수의 간단한 광학 스위치를 평면에 배치할 수 있다. 신경망 컴퓨터에는 매우 많은 연결과 데이터 통신이 필요하다. 이때 홀로그램은 필요한 수많은 광학 소자들의 연결이 가능하게 만들어준다. 다행히 빛은 서로 영향을 주고받지 않으면서 반도체 칩의 2차원 평면 위에서 교차할 수 있으므로, 수많은 광학 스위치들 사이의 통신 방법은 이미 존재하는 셈이다.

비록 개별 광학 스위치의 오차 발생이나 오작동 소지가 없지는 않지만, 신경망 컴퓨터는 태생적으로 오류에 강하다. 입력과 출력이 완벽하게 일치할 필요가 없기 때문이다. 신경망 컴퓨터는 광굴절 수정이나 홀로그램을 이용한 훈련용 영상을 이용해 목적에 따라 다양하게 프로그래밍(광학 스위치들끼리의 연결)될 수 있다. 기존 컴퓨터와는 달리 단지 몇 번의 반복만으로 패턴 인식 결과를 얻을 수 있다. 각각의 '뉴런'이 동작할 때마다 에너지가 일정량 소비되고 속도 향상에 비례해 전력 소모가 늘어나는 현상 때문에 열 발생이 급격히 증가하는 것을 고려하면 광학 신경망 컴퓨터에 아주 다행스러운 특성이라 할 수 있다.

광학 하드웨어로 신경망 구조를 실용화하려면 아직 넘어야 할 산이 많다. 광학 소재의 발전과 제조 기술, 대규모 신경망 컴퓨터 구조에 대한 이해도 더 깊어져야 한다. 또한 뇌 속 뉴런의 동작을 비롯해 뉴런이 어떤 방식으로 패턴을 '배우고' '분류'하는지에 대해서도 연구가 필요하다.

엔지니어, 컴퓨터 과학자, 수학자 들은 광학 부품, 신경망 컴퓨터, 무작위 문제라는, 서로 별 관련이 없어 보이던 세 분야에서 중요한 기로에 서 있다. 각 분야의 발전과 협력은 궁극적으로 지금까지의 전자 기술만으로는 해결하지 못한 패턴 인식과 인공지능과 관련된 여타 과제를 해결할 수 있을 것이다. 나는 이렇게 믿을 만한 이유가 충분하다고 본다.

4

우리는 로봇이다

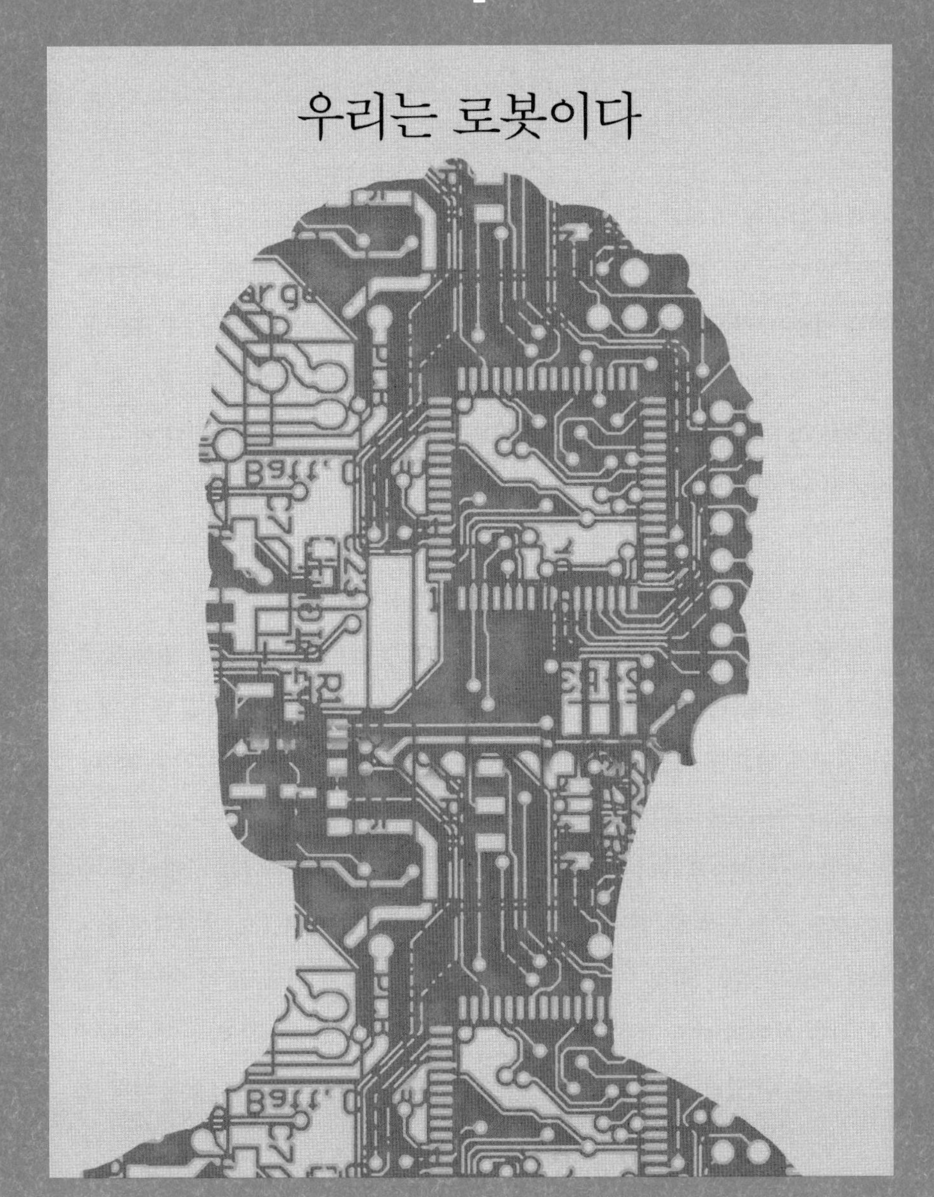

4-1 과학자 로봇의 등장

로스 킹

과학적 탐구를 기계가 대신하는 것이 가능할까? 자동적으로 실험을 수행하는 일을 말하는 것이 아니다. 새로운 과학적 지식을 발견하는 기계, 즉 과학자 로봇을 말하는 것이다. 필자는 동료들과 함께 10년 동안 이 문제를 연구해왔다.

연구 동기는 두 가지다. 첫째, 과학을 더 잘 이해하려는 것이다. 유명한 물리학자 리처드 파인만도 "내가 만들어낼 수 없다면 이해할 수도 없다"라고 이야기한 바 있다. 이런 관점에서 보면, 과학자 로봇을 만들려는 시도는 가설이 만들어지는 방법뿐 아니라 추상적 대상과 실질적 대상의 관계, 관측되는 현상과 이론적 현상의 관계에 대한 명확한 공학적 선택을 하게끔 만든다.

두 번째 동기는 기술적인 것이다. 과학자 로봇을 이용하면 연구 활동의 효율과 생산성이 더욱 높아진다. 과학 연구 중에는 내용이 너무 복잡해서 엄청난 연구가 필요한 것들이 있고, 이런 연구를 하기에는 과학자 수가 부족하다. 자동화된 연구만이 해결책인 것이다.

과학에 쓰이는 컴퓨터 기술은 DNA 염기 서열 해독이나 약품 선별처럼 '고(高)생산성'을 발휘할 연구실 자동화 측면에서는 지속적으로 개선되어왔다. 반면 데이터 분석 과정 자동화와 과학적 가설 만들기 면에서는 그렇지 못하다. 화학 분야의 예를 들면 지능형 자가학습 기능 프로그램으로 신약 개발에 도움을 줄 수 있다. 과학자 로봇을 만드는 목적은 이런 기술을 이용해 과학 연구의 모든 과정을 자동화하는 데 있다. 결론이 나올 때까지 가설 세우기, 가설 확인을 위한 실험 방법 고안, 실험 수행, 실험 결과 분석이라는 과정을 반복하는 것이다.

물론 궁극적 질문은 이런 능력을 가진 과학자 로봇을 만들 수 있느냐 하는 것이다. 우리 연구실에서 개발한 두 로봇을 비롯해 세계 여러 곳에서 만든 로봇의 능력으로 보아 가능할 것으로 생각된다.

이스트를 연구하는 로봇 아담

인공지능을 과학 연구에 적용하려는 시도는 1960년대와 1970년대에 스탠퍼드대학에서 시작되었다. 질량분석 데이터를 연구할 덴드럴(DENDRAL)이라는 컴퓨터 프로그램이 만들어졌고, 이와 함께 만들어진 메타 덴드럴(Meta-DENDRAL) 프로그램은 최초의 지능형 자가학습 기능 시스템이었다. 1975년, NASA의 바이킹(Viking) 프로젝트* 연구원들은 화성에서 생명체의 흔적을 찾는 자동화된 장치를 개발하고 있었다. 당시의 기술로는 불가능한 일이었다. 그 후 프로스펙터(Prospector : 지질학 연구용 달 궤도 위성), 베이컨(Bacon : 일반 탐사용) 프로젝트가 잇따랐고 최근에는 가설에 더해 이에 적합한 실험을 제시하는 기술이 개발되었다. 그러나 대부분의 인공지능 시스템은 부분적으로나마 독립적 업무 수행에 필수 요소가 되는 실제 실험 능력을 갖지 못한다.

*2대의 우주선을 보내 화성에 착륙하게 했다.

4-1

우리가 만든 로봇 아담은 인간의 모습을 하고 있지는 않다. 아담은 자그마한 사무 공간을 채울 만한 크기의 자동화되고 복잡한 연구 시설이다. 여기에는 냉각기, 액체 운용 로봇 3대, 로봇 팔 3개, 인큐베이터 3개, 원심분리기 등이 포함되어 있으며 모두 완전히 자동화되어 있다. 물론 아담은 고성능 컴퓨터 두뇌도 갖고 있다. 이 컴퓨터에는 추리 능력과 하드웨어를 작동시키는 PC를 제어하는 기능이 있나.

아담은 미생물의 종류와 증식배지(growth medium)를 선택해서 미생물이 어떤 식으로 성장하는지를 실험하고, 며칠에 걸쳐 성장 과정을 관찰한다. 하루에 약 1,000가지 미생물-배지 조합을 스스로 선택할 수 있다. 아담은 생물학의 중요한 영역인 유전자와 유전자 기능의 관계를 연구하는 기능유전체학(functional genomics) 분야를 탐구할 수 있으며 자동화에 적합하도록 만들어졌다.

최초의 연구는 빵, 맥주, 와인, 위스키에 이용되는 유기물인 맥주 효모균 사카로미세스 세레비지에(*saccharomyces cerevisiae*) 이스트에 대한 것이었다. 이스트를 인간 세포의 동작을 이해하는 데 참고할 수 있다고 여기는 생물학자들이 이에 대해 높은 관심을 보였다. 균은 아주 손쉽게, 빠르게 증식되었다. 인간과 이스트의 공통 조상을 찾으려면 아마도 10억 년은 거슬러 올라가야 할 것이다. 하지만 진화라는 현상은 매우 보수적이어서 이스트 세포에서 일어나는 현상은 대부분 인간 세포에서도 일어난다.

아담은 이스트가 어떤 식으로 효소(특정한 생화학 반응의 촉매가 되는 복잡한 구조의 단백질)를 이용해 더 많은 이스트와 부산물을 만드는지 알아내는 데 초점을 맞췄다. 과학자들은 150년 넘게 계속된 연구에서도 아직 이 과정을 완전하게 밝혀내지 못했다. 이스트가 만들어내는 많은 효소는 알고 있지만 효소의 유전자 구성을 모르는 몇몇 경우가 있는데 아담은 이런 '고아(orphan)' 효소의 '부모 유전자(parental genes)'를 찾아내려 한다.

아담이 과학적 발견을 하려면 기존 과학 지식을 많이 알고 있어야 한다. 그래서 이스트의 물질대사와 기능유전체학에 관한 풍부한 배경지식을 프로그래밍해서 아담에 탑재했다. 아담이 정보가 아닌 배경지식을 갖고 있다는 표현은 철학적 논쟁거리다. 그러나 우리는 아담이 이를 이용해서 추론하고 실제 세계와 상호작용하기 때문에 '지식'이라는 표현이 타당하다고 본다.

아담은 논리학적 표현으로 자신의 지식을 표현한다. 논리학은 지식을 일반 언어보다 정교하게 표현하려는 의도에서 2,400년 전에 만들어졌다. 현대 논리학은 과학 지식을 가장 정확하게 서술하는 방법이면서, 인간과 로봇이 모호함을 배제하고 지식을 교환할 수 있는 방법이기도 하다. 논리는 프로그래밍 언어로도 사용될 수 있기 때문에, 아담의 지식도 컴퓨터 프로그램으로 이루어져 있다.

우리는 아담이 연구를 시작하도록 여러 가지 입증된 사실을 프로그래밍했다. 대표적인 예를 들어보자. "맥주효모균에서, *ARO3* 유전자가 3-데옥시-D-아라비노-헵투로손산-7-인산염(3-deoxy-D-arabino-heptulosonate-7-phosphate)이라는 효소를 구성한다." 그 밖에도 "이 효소가 포스포에놀

사고실험: 로봇의 추론

과학자 로봇은 어떻게 '추론'을 할까? 사실 사람과 별로 다르지 않다. 수학과 컴퓨터과학의 토대가 되는 연역적 추론이 한 가지 방법이다. 연역적 추론은 '상식적'이다. 즉 맞는 내용을 기반으로 추론을 했다면 결과도 참이 된다. 하지만 이른바 '만물의 이론'이 완성되지 않은 상태에서는 안타깝게도 연역법은 과학적으로 충분한 도구가 될 수 없다. 연역법은 이미 알려진 사실에 기반해서만 적용할 수 있기 때문이다.

두 번째 방법인 귀추법(歸推法, abduction)은 그림의 예에서처럼 논리적으로는 불완전하다. 세상에 존재하는 많은 것이 흰색이지만 희다고 해서 모두 백조는 아닌 것이다. 그러나 귀추법을 이용해서 참인 가설을 이끌어낼 가능성이 있기는 하다. 과학의 위대성은 진실이 가정에 기반한 순수한 연역적 추론이 아니라 실세계에서의 실험에 의해 밝혀진다는 데 있다. 만약 아담이 데이지가 백조라는 가설을 세웠다면 아담이 이 명제가 참인지 아닌지 결론을 내릴 방법은 데이지를 잡아서 정말로 데이지가 백조인지, 오리인지, 아니면 또 다른 무엇인지 실제로 확인하는 수밖에 없다.

귀납법을 이용하면 귀추법과 마찬가지로 새로운 가설을 만들어낼 수 있다. 우리가 알고 있는 모든 백조가 흰색이라면, 아리스토텔레스도 그랬듯이 모든 백조가 흰색이라고 생각하는 것이 당연한 일이다. 그러나 오스트레일리아에서 발견된 검은색 백조의 예에서 보듯이 귀납법은 완벽하지 않다. 일상은 귀납적 사고의 연속이다. 내일도 태양이 뜨고 아침을 먹게 되리란 생각도 귀납법에 근거한다. 그러나 과학 분야에서 귀납법이 갖는 가치에 대해서는 논쟁의 여지가 있다. 왜냐하면 귀납법적 추론이 의미가 있다고 여겨지는 이유가 귀납법이 대체로 틀리지 않다는 데 있으며 이런 생각 자체가 귀납적 추론에 의한 것이기 때문이다.

연역법

모든 백조는 흰색이다.

데이지는 백조다.

그러므로 데이지는
흰색이다.

귀추법

모든 백조는 흰색이다.

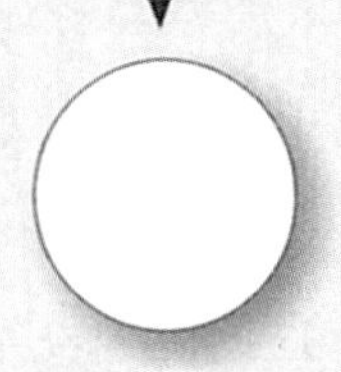

데이지는 흰색이다.

그러므로 데이지는
백조다.

귀납법

데이지는 백조이고
흰색이다.

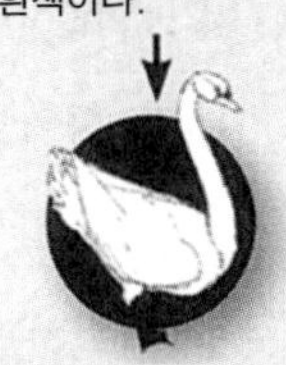

데이지는 백조이고
흰색이다.

데니는 백조이고
흰색이다
(다들 마찬가지다).

그러므로 모든 백조는
흰색이다.

피루브산(phosphoenolpyruvate)과 D-에리트로스 4-인산염(D-erythrose 4-phosphate)이 반응해서 2-데하이드로-3-데옥시-D-아라비노-헵토네이트 7-인산염(2-dehydro-3-deoxy-D-arabino-heptonate 7-phosphate)과 인산염을 만들어내는 화학반응에 촉매작용을 한다" 등의 관련 사실도 입력해두었다.

이런 정보를 연결하면 유전자, 효소, 대사 물질(작은 화학 분자들)에 관한 지식을 통합하는 이스트 물질대사 모형이 만들어진다. 이 모형을 데이터를 이용해 결과를 예측하는 소프트웨어로 변환시킬 수 있으며 이것이 모형과 백과사전의 차이점이다. 과학자 로봇은 추상적인 모형을 자동으로 실험하고 그 결과를 바탕으로 모형을 개선할 수 있다.

아담의 유전자 연구

과학자들은 연구할 때 가설을 세우고 실험을 통해 결론에 도달하는 연역적 방법을 사용한다. 아담도 마찬가지다. 우선 이스트에 관한 새로운 가설을 세우고 물질대사 모형을 이용해 실험 결과를 예상한다. 그리고 실험을 통해서 실제 결과가 가설과 일치하는지를 보는 것이다.

이 과정은 반복되며 매번 아담이 어떤 유전자가 고아 효소의 부모 유전자가 될 수 있는지를 가정하는 데서 시작된다. 또한 아담은 가장 가능성이 높은 가설을 찾기 위해 자신의 지식을 활용한다. 아담이 알고 있는 고아 효소 가운데 하나로 2-아미노아디핀산 트랜스아미나아제(2-aminoadipate transaminase)가 있다. 이 효소는 2-옥소아디핀산(2-oxoadipate)과 L-글루타민산(L-glutamate)이 더해져서 L-2-아미노아디핀산(L-2-aminoadipate)과 2-옥소글루타르산(2-oxoglutarate)이 되는 반응(반대 방향으로도 반응한다)의 촉매로 작용한다. 이 반응을 이용해서 항진균성(抗眞菌性) 약물을 만들 가능성이 있기 때문에 중요하게 여겨지지만 아직 부모 유전자가 밝혀져 있지 않다. 이 효소를 만들어내는 이스트 유전자에 대한 가설을 세우려면? 아담은 우선 자신이 가진 지식 데이터베이스를 이용해서 이 효소를 만들어내는 다른 유기물의 유전자가 있는지를 살펴본다. 이렇게 해서 *Aadat*이라는 이름의 라투스 노르베기쿠스(*Rattus norvegicus* : 시궁쥐)의 유전자가 이 효소를 만들어낸다는 사실을 찾아낸다.

아담은 *Aadat* 유전자로 이루어진 효소의 단백질 서열과 이스트 게놈의 서열에 유사한 부분이 있는지 살펴본다. 아담은 단백질 서열이 많이 비슷하다면 둘은 공통된 조상을 가진다는 사실을 알고 있다. 단백질 서열이 상동(相同, homologous)한다면 공통 조상의 기능이 유지되는 것이라는 사실도 알고 있다. 그러므로 유사한 단백질 서열을 근거로 아담은 이들의 유전자가 같은 기능을 수행한다고 추론할 수 있다. 아담은 *Aadat*과 유사한 서열을 가진 *YER152c*, *YJL060w*, *YJL202w*이라는 세 가지 이스트 유전자를 찾아냈다. 아담은 이들이 각각 2-아미노아디핀산 트랜스아미나아제 효소를 구성한다는 가설을 세웠다.

스스로 세운 가설을 시험하기 위해 아담은 실제로 여러 번의 실험을 수행했다. 냉동고에 있는 모든 이스트 균주 중에 몇 가지를 골라서 배양했는데 각각의 이스트 균주에는 특정한 유전자가 빠져 있었다. 아담은 세 가지 유전자 *YER152c*, *YJL060w*, *YJL202w*가 없는 세 이스트 균주가 효소에 의한 촉매작용의 반응에 관계된 L-2-아미노아디핀산 같은 화합물에서 자랄 때의 성장 과정을 조사했다.

다음 단계는 해당 균주(strain)에 대한 실험이다. 연구비는 으레 부족하게 마련이어서 과학자들끼리는 종종 먼저 문제를 해결하려고 경쟁한다. 그래서 아담은 저렴하면서도 빠르게 가설을 시험할 수 있도록 만들어졌다. 아담은 모든 가설이 맞을 가능성이 있다고 가정한다. 이러한 가정에는 논란의 여지가 있고, 칼 포퍼(Karl Popper)를 비롯한 일부 철학자들은 가설에 확률이 있다는 개념을 받아들이지 않았다. 그러나 대부분의 과학자들은 암묵적으로 어떤 가정이 다른 가정보다 더 그럴듯할 수 있다고 생각한다. 보통은 '오캄의 면도날(Occam's razor)'이라는, 모든 조건이 동일한 상태에서는 단순한 가설이 복잡한 가설보다 더 맞을 확률이 높다는 개념을 따른다. 또한 아담이 아직까지는 단지 사용되는 화학물질 비용만을 대상으로 하기는 해도 어쨌거나 실험 비용을 고려하긴 한다. 시간까지 '비용'으로 고려할 수 있으면 더욱 바람직할 것이다.

확률이 주어진 각각의 가설이 있고 예상 비용을 알고 있는 실험 방법들을 찾은 후에 아담은 비용을 최소화하면서 하나의 가설을 취하는 일련의 실험을 선택한다. 이러한 목표를 달성하는 최적의 방법을 계산으로 찾아내기는 매우 어렵다. 하지만 분석에 따르면 아담은 그저 가장 비용이 저렴한 실험을 먼저 수행하는 것이 아니라 저렴하고 빠르게 목표를 달성할 수 있는 실험을 선택하는 것으로 나타났다. 아담이 여러 가설에 적용될 수 있는 실험을 설계한 경우도 몇몇 있다. 인간 과학자가 이런 일을 하기는 어렵다. 보통 인간은 한 번에 한 가지 가설밖에 고려하지 못한다.

20개의 가설 확립과 12개의 새로운 발견

일단 아담의 인공지능 시스템이 가장 가능성이 높은 실험을 시작하면, 로봇 기능을 이용해서 실제로 실험을 수행하고 결과를 관찰한다. 아담은 유전자나 효소를 직접 관측하지는 못한다. 아담이 하는 일은 빛이 배양된 이스트를 얼마나 통과하는지 보는 것이다. 이 데이터로 복잡한 추론 과정을 거친 후 아담은 가설이 맞는지 틀린지 결론을 내린다. 천문학자들이 멀리 떨어진 은하에서 어떤 일이 일어나는지 은하에서 발생한 전자파를 수신해서 추론하는 것처럼, 과학 분야에서 이런 식의 추론 과정은 일반적이다.

과학자들은 이미 특정 유전자를 제거하면 이스트의 성장 패턴이 달라진다는 것을 발견했다. 따라서 아담한테 가장 어려운 일 가운데 하나는 가설들이 일관성을 갖도록 하는 것이다. 다른 유전자들은 제거해도 성장에 크게 영향이 없다. 어떤 유전자가 제거되었을 때의 작은 차이가 중요한지 중요하지 않은지 판단하기 위해, 아담은 아주 정교한 지능형 자가학습 기능을 사용한다.

어떤 유전자가 이스트의 특정 효소를 만드는지 여태껏 아담이 만들어내고 실험적으로 확인한 가설은 20개에 달한다. 과학적 주장이 으레 그렇듯 아담의 주장도 확인할 필요가 있다. 그래서 아담에게 얻은 결과를 아담은 사용할 수 없는 정보 소스를 이용해서 우리 방식대로 새로운 실험을 통해 확인해보았다. 그 결과 아담이 얻어낸 결론 중 일곱 가지는 이미 알려져 있고, 한 가지는 틀렸으며, 열두 가지가 새로운 발견이라는 결론을 얻었다.

특히 세 가지 유전자(*YER152c*, *YJL060w*, *YJL202w*)가 2-아미노아디핀산 트랜스아미나아제 효소를 만드는 것을 실험을 통해서 직접 확인했다. 이들 유전자의 역할이 알려져 있지 않았던 이유는 이들이 동일한 효소를 만들고, 효소가 일련의 관련 반응에 촉매로 작용하기 때문이다. 유전자 하나에 효소 하나를 대응시키는 일반적인 접근 방식은 이 경우에 맞지 않았던 것이다. 아담의 섬세한 실험과 통계적 분석 덕분에 이런 복잡한 상황을 풀어낼 수 있었다.

로봇을 과학자로 부를 수 있을까?

일부는 몇 가지 근거를 내세워 아담이 독자적 과학자라기보다는 조수에 가깝다고 지적한다. 이들은 '과학자 로봇'이라는 표현이 적절치 않다고 지적한다. 그렇다면 과연 아담이 독자적으로 새로운 과학적 지식을 발견했다고 이야기할 수는 없는 걸까? 우선 '독자적으로'라는 어휘부터 시작해보자. 물론 단순히 아담의 전원 버튼을 누르는 것만으로 몇 주 후에 어떤 결과가 나왔는지 볼 수는 없다. 아담은 시제품이고, 하드웨어와 소프트웨어는 수시로 문제를 일으키며, 그때마다 수리를 해야 한다. 인간의 도움을 받지 않고 구성 요소들끼리

서로 문제없이 작동하려면 아담의 소프트웨어에도 개선이 필요하다. 하지만 아담이 가설을 세우고 실험을 통해서 새로운 발견에 이르는 과정에는 인간이 개입하지 않는다.

'발견한'이라는 어휘는 19세기로 거슬러 올라가는, 논란의 대상이며 낭만적 인물인 에이다 러브레이스(Ada Lovelace) 부인을 떠올리게 만든다. 그녀는 유명한 시인 바이런 경(Lord Byron)의 딸이었으며 최초로 계산기를 고안한 찰스 배비지(Charles Babbage)와 협력했던 인물이다. 러브레이스 부인은 "해석기관(Analytical Engine)에서 '시작되는' 것은 아무것도 없다. 이런 기계는 '어떤 식으로 처리할지 우리가 이미 알고 있는 작업만'을 수행할 뿐이다"라고 주장했다. 백 년 후, 위대한 컴퓨터 과학자 앨런 튜링이 어린이를 분석한 결과를 근거로 이 주장에 반대했다. 학생이 무엇인가를 발견했을 때 그것이 교사의 업적이 아니듯이, 기계가 제시한 아이디어가 인간의 업적은 아니다. 이 논란은 상업적 측면으로도 확대되고 있다. 일례로 미국 특허법은 오직 '사람'만이 무언가를 '발명'할 수 있다고 규정한다.

그럼 아담의 수준은 과학적으로 어느 정도일까? 아담이 사카로미세스 세레비지에 효모에서 몇몇 유전자와 효소의 기능을 연관시키고 실험으로 확인한 일은 분명히 독창적이다. 아주 높은 수준의 지식은 아닐지라도 절대 단순한 것이 아니다. 2-아미노아디핀산 트랜스아미나아제 효소의 경우, 아담은 50년 된 해묵은 문제를 풀어내는 3개의 유전자를 찾아냈다. 물론 아담이 내린 결론 중에서 틀린 것도 있을 것이다. 그러나 아담이 얻어낸 결과가 공개되고 2년이

지날 때까지 아무도 틀린 점을 찾아내지 못했다. 내가 알기로는 우리 연구팀 말고는 누구도 아담의 결과를 다시 확인해보려는 시도를 하지 않았다.

아담이 과학자인지 아닌지를 판단하는 또 다른 방법은 가설을 만들어내는 아담의 접근 방법이 보편적인지 아닌지를 살펴보는 것이다. 아담이 실험을 끝낸 뒤, 우리는 두 번째 로봇 이브(Eve)의 설계를 시작했다. 이브는 약품 선별과 설계처럼 의학적·상업적으로 중요한 일에 아담과 동일하게 자동화된 반복 과정을 사용하도록 만들어졌다. 아담을 경험한 덕분에 우리는 이브를 더 우아하게 만들 수 있었다. 이브는 말라리아, 주혈흡충증(schistosomiasis), 수면병, 샤가스(Chagas)병,* 연구에 초점을 맞췄다. 이브는 이미 말라리아에 효과적일 것으로 기대되는 몇 가지 흥미로운 복합물을 찾아냈다.

*남아메리카에서 발생하는 수면병의 일종.

일부 연구자들은 아담과 비슷한 접근 방법을 쓰기도 한다. 코넬대학 호드 립슨(Hod Lipson)은 이동형 로봇의 동적 특성을 이해하고 설계를 개선하기 위해 자동화된 실험 기법을 쓰고 있다. 화학, 생물학, 공학 분야에서도 과학자 로봇을 개발 중이다.

우리 연구팀을 비롯한 여러 연구 그룹에서, 특히 양자들의 반응을 제어하는 것에 초점을 맞추어 양자물리학 연구의 자동화 방법을 찾고 있다. 프린스턴대학 허쉘 라비츠(Herschel A. Rabitz)가 펨토초(femto second : 10~15초) 레이저를 이용해서 화학 결합을 부수거나 만들어내는 방법을 연구 중인 것이 대표적이다. 얼마나 빠르게 의미 있는 실험을 제안할 수 있는지가 이 연구에서 관건이 될 것이다.

로봇은 인간의 동반자

로봇을 과학자로 취급한다면 로봇의 한계를 알 필요가 있다. 자동화된 과학 연구와 자동화된 체스게임을 비교해보자. 체스게임의 자동화는 이미 기본적으로 해결된 문제다. 컴퓨터는 이미 최고의 체스 선수와 비슷하거나 더 뛰어나며, 멋진 수를 두기도 한다. 컴퓨터가 체스를 이렇게 잘할 수 있는 이유는 체스가 64개의 칸, 32개의 말이라는 추상적이면서 제한된 세계에서 이뤄지는 게임이기 때문이다. 과학은 체스의 추상적 세계와 비슷한 점이 많지만, 과학 실험은 실제 세계에서 이뤄지므로 과학의 자동화는 훨씬 어렵다. 하지만 높은 수준의 과학 연구를 수행하는 로봇 과학자를 개발하는 것은 아마도 사람과 사회적 소통을 하는 인공지능을 개발하는 것보다는 쉬우리라 생각한다. 과학에서는 실제 세계가 과학을 속인다고 가정할 필요가 없지만 사회는 그렇지 않기 때문이다.

오늘날에는 최고 수준의 체스 선수들도 말의 위치를 분석하고 새로운 수를 찾아내는 실력을 향상하기 위한 훈련에 컴퓨터를 이용한다. 마찬가지로 인간과 로봇 과학자도 서로의 강점과 약점 모두를 작업에 이용한다면 한쪽이 단독으로 내는 성과보다 더 큰 성과를 얻을 수 있다. 컴퓨터 하드웨어와 인공지능 시스템이 발달함에 따라 과학자 로봇도 점점 더 똑똑해질 것이다.

이런 추세가 과연 세상의 흐름을 바꿀 것인가, 아니면 반복적 과학 작업에

국한될 것인가? 이는 과학의 미래에 관한 핵심적 질문이다. 노벨상 수상자 필립 앤더슨(Philip Anderson)을 비롯한 일부 선도적 과학자들은 세상의 흐름을 바꿀 정도의 과학은 아주 심오하기 때문에 자동화가 어려울 것이라고 주장한다. 그러나 역시 노벨상 수상자인 프랭크 윌첵(Frank Wilczek)은 100년 이내에 기계가 최고의 물리학자가 될 것이라고 적는다. 둘 중 누가 옳은지, 그 답은 시간이 알려줄 것이다.

미래가 어느 쪽이건, 나는 인간과 로봇이 협력하는 시대가 오리라 생각한다. 과학적 지식은 논리로 표현되고, 웹을 통해 순식간에 퍼져나간다. 과학의 발전에 로봇이 점차 중요한 역할을 맡게 될 것이 분명하다.

4-2 로봇과의 데이트

로버트 엡스타인

엘리자(Eliza)를 처음 만났을 때를 잊을 수 없다.

나는 소음이 큰 키보드로 "아버지는 나를 제대로 인정해주지 않아요"라고 입력했다. 1969년의 일이다. 컴퓨터는 "부모님에 대해서 더 얘기해봐요"라고 응답했다. 이 컴퓨터 프로그램 엘리자는 로저리안(Rogerian)* 심리 치료사와 대화하는 것처럼 만들어져 있었다. "부모님은 날 무시해요. 나도 내가 누군지, 내 능력이 어디까지인지는 잘 아는데 말이죠." 엘리자가 다시 응답했다. "이해받지 못하면 누구나 힘든 법이죠."

*토론에서 자신의 주장을 내세우는 것이 아니라 양측 주장의 공통점을 찾는 방식을 추구하는 사람.

이는 오랜 꿈이 현실로 나타난 것이었고 조만간 모습을 드러낼 대단한 그 무엇에 대한 예언이기도 했다. 이것은 바로 영국의 뛰어난 수학자이자 오늘날의 컴퓨터 개념을 만들어낸 앨런 튜링의 꿈이었다. 튜링은 1950년에 발표한 〈계산하는 기계와 지능〉이라는 논문에서 2000년이면 컴퓨터가 사람과 '대화'하리라 보았고 컴퓨터와의 대화가 대부분의 사람이 적어도 5분 정도는 상대방이 기계라는 사실을 알아채지 못하는 수준에 이를 것이라고 적었다.

매사추세츠 공과대학 조셉 바이젠바움(Joseph Weizenbaum)이 1960년대 후반에 만들어낸 특별한 컴퓨터 프로그램 엘리자는 튜링이 옳았음을 보여주는 듯했다. 뿐만 아니라 2000년 이전에 이른바 튜링 테스트도 통과할 수 있을 것처럼 보였다. 필자는 1970년에는 이것이 가능하리라 생각했다.

하지만 그런 일은 일어나지 않았다.

대화하는 컴퓨터의 더딘 발전

엘리자가 그럭저럭 잘 작동했던 이유 가운데 하나는 바이젠바움이, 엘리자가 상대적으로 쉽게 다룰 만한 작업만 골랐기 때문이다. 로저리안 심리 치료사들은 원천적으로 자신에 대한 말은 하지 않는다. 이들의 화법은 기본적으로 상대방에게 들은 말을 되돌려주는 것이다. 그러므로 프로그램은 '아버지' '어머니' 등의 핵심 어휘를 찾아낸 뒤 가족과 관련된 답을 하도록 만들어져 있었다 ("가족에 대해서 더 얘기해봐요" 등).

인간은 실제로는 이렇게 단순하지 않다. 사람은 몇천 개 이상의 어휘와 사건을 알고 있으며, 들어본 적이 없는 문장도 이해한다. 어떤 의미에서는 사람이 하는 말의 대부분이 새로운 것이다. 튜링 테스트를 통과하려면 보통 '엔진'이라 불리는 컴퓨터의 사고(思考) 기능 부분이 1,000억 개의 뉴런이 100조 개의 연결로 이루어진 인간의 두뇌만큼 정교해야 할지도 모른다.

1990년 필자와 바이젠바움은 뢰브너상(Loebner Prize)* 심사위원을 맡았다. 대회 참가자들은 컴퓨터 프로그램과 대화하며 상대가 컴퓨터인지 아닌지를 판단했다. 그때까지 어떤 소프트웨어도 심사관을 몇 분 이상 속이지 못했다. 이 대회는 이후로도 매년 열리고 있지만 발전 속도가 지지부진하다. 그

*매년 개최되는 채터봇 대회에서 수여하는 상.

러나 한 가지는 분명하다. 심사관들 수준은 예나 지금이나 똑같지만 컴퓨터는 나날이 똑똑해질 것이다.

튜링은 기계의 지능은 글자를 통해서 표현되며 시각적 장비가 필요 없다고 주장했다. 하지만 언젠가는 몸, 매너리즘, 지성이라는 모든 기능을 통합한 기계가 나타나리라는 데 의문의 여지가 없다.

사이보그와의 데이트

오래전부터 이 주제에 관심이 있었던 나는 일본의 첨단 기술 전시회에 출품된 인간 모양 로봇을 보도한 BBC 프로를 흥미롭게 보았다. 오사카대학 컴퓨터과학자 이시구로 히로시(石黒浩)가 만들어낸 이 로봇은 지금껏 만들어진 로봇 가운데 가장 인간에 가까운 데다 굉장히 매력적이기도 했다. 나는 곧바로 일본으로 달려갔다.

소개가 끝나고 데이트 시간이 다가왔다. 나는 제일 좋은 옷을 차려입고, 물론 정신을 똑바로 차린 채 긴장한 상태로 이시구로의 실험실에 들어갔다. 진짜로 그랬다. 미래의 모습을 구경할 수 있다는 생각, 인간의 모습을 한 아름다운 여성 로봇을 만난다는 생각에 정말로 떨리는 마음이었다.

유감스럽게도 이시구로는 리플리 Q1엑스포(Repliee Q1expo)를 소개하기 전에 먼저 자신의 연구 활동 내용을 파워포인트로 정리된 자료와 함께 자세히 설명해주었다. 자신이 고안한 360도 카메라를 이용해 로봇이 미로를 빠져나가는 것을 보여주더니 예전에 만들었던 로봇들을 보관한 조금 으스스하고 먼지 쌓인 창고로 데려갔다. 자신의 네 살짜리 딸과 똑같은 모습으로 만든 로봇도 있었다.

드디어 기다리던 순간이 왔다. 회색 바지에 단추를 목까지 채운 짙은 회색 스웨터를 깔끔하고 얌전하게 차려입은 그녀가 서 있었다. TV 아나운서의 얼굴을 본떠 만든 얼굴은 정말로 아름다웠고 나무랄 데 없이 진짜 같았다. 사진 몇 장으로 그녀를 판단하기는 불가능해서 그녀는 사진에서 보던 것보다 훨씬 매력적이었다. 이시구로 교수의 연구는 그녀가 얼마나 인간에 가까운지는 생김새뿐 아니라 동작이 얼마나 자연스러운가에 달려 있다는 것을 보여준다. 그녀는 눈을 깜빡이거나 눈을 돌려 주위를 살펴보기도 하고, 고개를 끄덕이고 입술을 씰룩거리기도 하며, 때때로 웃기도 한다. 방 이곳저곳에 장치된 센서를 통해 소리와 움직임에 반응할 수도 있다.

한편, 실리콘으로 만든 피부는 실제 피부처럼 유연하지 않을뿐더러 차갑고 단조로워서 키스할 마음이 사라지게 한다. 가장 큰 문제는 1~2년이 지나면 실리콘 피부가 건조해지면서 수축되는 바람에 눈알이 빠져나온다는 점이다. (이시구로의 딸을 모델로 한 로봇에서 이미 일어난 현상이다.)

동작도 제한적이다. 앉을 수는 있지만 걷지는 못한다. 입술을 움직이기는 하지만 지능이 없는 리플리는 미리 녹음된 말만 할 수 있다. 그런데도 이 로봇은 굉장히 인간에 가깝다는 생각이 들었다. 첫 데이트가 으레 그렇듯이 로봇과의 교감은 얄팍한 수준에 머물렀지만, 그녀 옆에 서면 여전히 가슴이 떨렸다. 리플리는 마네킹이 아닌 것이다. 인체의 미묘한 움직임을 통해서 인간적 요소를 찾아내는 면에서 이시구로는 최고다.

이시구로가 만들 다음 로봇은? 그가 가장 잘 아는 사람, 바로 스스로를 그대로 복제하는 것이다.

이시구로 히로시와의 대담

엡스타인 왜 사람처럼 생긴 움직이는 로봇을 만드셨나요?

이시구로 소통 때문입니다. 사람은 다양한 정보를 주고받는 데 몸을 이용하니까요.

엡스타인 그렇군요. 지금 말씀하실 때 저도 고개를 끄덕였습니다. 하지만 의사소통을 위해서 꼭 상대방을 바라보아야 하는 건 아닙니다. 전화나 이메일로도 의사소통이 가능하니까요.

이시구로 사람들은 얼굴을 보면서 대화하는 것을 선호합니다. 특히 어린이나 노인들이 그렇죠. 그렇기 때문에 로봇이 인간의 모습을 하는 건 상당히 바람직합니다. 그런데 사람들은 로봇의 생김새와 동작에 굉장히 민감해요. 어느 하나라도 자연스럽지 않으면 매우 이상하다고 느끼죠.

엡스타인 언제부터 개발을 시작하셨고, 어디서 자금 지원을 받으시나요?

이시구로 4년 전에 시작했고 공룡을 만드는 (도쿄에 있는) 코코로사(Kokoro)와 함께 개발을 진행했습니다. 규모가 작은 회사지만 전 세계 자연사 박물관에 전시되는, 컴퓨터로 움직이는 거대한 공룡을 만드는 곳입니다.

실리콘을 이용하는 방법과 자연스런 동작을 재현하는 방법에 관한 뛰어난 기술이 있습니다.

엡스타인 눈을 아주 자연스럽게 깜빡이더군요.

이시구로 네, 실제로 몇몇 노인과 아이들은 로봇이라는 사실을 눈치채지 못했습니다.

엡스타인 로봇이 일종의 컴퓨터 인터페이스가* 되어야 한다고 주장하셨는데요?

*서로 다른 두 시스템, 장치, 소프트웨어 따위를 서로 이어주는 부분이나 접속 장치.

이시구로 그렇습니다. 키보드와 모니터는 원시적 도구예요. 인간의 뇌는 디스플레이 화면을 보기 위해 만들어진 것이 아니고 손가락은 키보드를 두드리려는 목적으로 만들어진 것이 아닙니다. 신체는 다른 사람과의 소통에 최적의 도구예요. 컴퓨터와 의사소통을 하는 최선의 방법은 인간과 유사한 정보 입출력 형태를 갖는 휴머노이드(humanoid)를** 이용하는 겁니다.

**인간의 모습을 한 로봇을 뜻하며 엄격히는 안드로이드 중에서 인간의 모습과 닮은 것을 가리킨다.

엡스타인 첫 번째 로봇은 따님의 모습을 복제한 것이었지요. 그건 어떻게 작동했나요?

이시구로 당시 제 딸은 네 살이었습니다. 하지만 로봇의 몸체가 너무 작아서 원하는 동작 모두를 재현할 수가 없었어요. 그래서 새로운 로봇 리플리Q1엑스포를 더 크게 만든 겁니다.

엡스타인 이 안드로이드(android)는*** 아나운서 후지이 아야코(藤井彩子)를 모델로 했는데,

***인간과 비슷한 모습을 한 로봇을 말한다.

그녀의 반응은 어땠습니까?

이시구로 일본에서는 젊은 아나운서들이 매우 인기가 많습니다. 이들은 나이가 들면 지방 방송국으로 자리를 옮깁니다. 이 아나운서도 굉장히 유명했는데 오사카의 지방 방송국으로 왔어요. 그리고 자신을 모델로 월드 엑스포에 출품할 안드로이드를 제작하는 데 동의했습니다. 그러고는 다시 유명해졌죠.

엡스타인 실제 인물과 얼마나 닮았습니까?

이시구로 인간의 모습을 복제하기 위해 3D 스캐닝을 비롯한 최신 기술을 씁니다. 가장 중요한 것은 피부 느낌의 재현입니다. 피부를 아주 세심하게 재현했지요.

엡스타인 실리콘에는 색칠이 된 건가요?

이시구로 네. 그리고 눈은 완벽하게 복제했어요, 심지어 혈관까지도…….

엡스타인 '불쾌한 골짜기(uncanny valley)' 문제를 우려하진 않으셨나요?

이시구로 아, 물론 걱정했습니다. 자신을 닮은 안드로이드를 처음 본 제 딸은 울음을 터뜨리더군요. 모리 마사히로(森政弘) 교수는 1970년에 발표한 유명한 글에서 로봇의 생김새가 인간과 다르면 인간은 불쾌감을 갖지 않는다고 했습니다. 하지만 생김새가 인간에 가까워지되 충분히 가깝지는 않다면 굉장한 거부감을 유발하게 됩니다. 마치 시체가 움직이는 것을 볼 때처럼 말이죠. 그는 이처럼 호감도가 급격히 떨어지는 현상을 불쾌한 골짜기라고 불렀습니다.

4-2

저는 동료와 함께 또 다른 불쾌한 골짜기를 찾아냈습니다. 나이에 따라 다르게 나타나는 현상입니다. 아주 어린 아이들은 저희가 만든 안드로이드를 보고 불쾌해하지 않았지만, 서너 살 된 아이들은 아주 싫어했어요. 그런데 스무 살 정도의 청년들은 다시 좋아하더군요. 저희는 아주 어린 아이들은 아직 인간다움이라는 개념을 확실하게 갖고 있지 않아서 안드로이드를 싫어하지 않았던 게 아닐까 생각합니다.

엡스타인 불쾌한 골짜기 문제는 어떻게 해결하셨나요?

이시구로 생김새와 동작을 다듬었습니다. 제 딸을 본뜬 안드로이드는 머리에 8개의 모터가 있었지만 몸체에는 모터가 없었습니다. 그래서 몸동작을 할 수가 없었어요. 성능이 개선되자 사람들은 자연스럽다고 느끼기 시작했습니다. 피부의 질감이나 색깔 등 세부 사항을 재현하는 것이 굉장히 중요합니다. 실제 아나운서의 메이크업 전담 아티스트가 리플리의 화장을 맡았으니 화장은 실제 인물과 똑같아요. 그렇지만 이 안드로이드도 특히 가슴과 팔 등의 자연스러운 동작을 재현하는 데 필요한 모터를 모두 집어넣기에는 크기가 작아서 다음번 안드로이드는 남자로 만들 생각입니다. 사실은, 저를 모델로 할 생각입니다. 제 안드로이드가 완성되면 더는 대학에 있지 않을 거고요.

엡스타인 아놀드 슈왈제네거의 몸을 사용하면 되겠군요. 덩치가 크니까요.

이시구로 (웃음)

엡스타인 눈은 완벽하게 재현되었지만 여전히 뭔가 불안한 느낌을 줍니다.

아마 실제 눈동자에는 빠르고 미세한 움직임이 있기 때문이겠지요?

이시구로 전기모터를 쓰는데 이 모터의 반응이 아주 빠르지가 않습니다. 다음 제품에서는 조그만 직류모터를 사용할 겁니다만, 이때는 소음이 문제가 됩니다.

엡스타인 안드로이드한테 일종의 튜링 테스트를 실시하신 걸로 아는데 사실인가요?

이시구로 안드로이드가 전혀 움직이지 않거나 아주 미묘하게 움직이는 상태에서 사람들을 보고 2초 정도 눈을 깜빡이게 해봤습니다. 움직임이 없을 때는 70퍼센트의 사람들이 안드로이드가 사람이 아니라고 답했어요. 움직임이 있을 때는 70퍼센트가 사람이라고 답했습니다. 이 시간 간격을 어떻게 조절할지 생각할 필요가 있습니다. 말씀하신 대로 미묘한 눈의 움직임이나 동작이 필요할지도 모르겠어요. 사실 완벽한 안드로이드를 만드는 일은 사람답다는 것의 의미를 찾아내는 일이기도 합니다.

엡스타인 미국으로 가져가게 하나 더 만들어주실 수 있나요?

이시구로 예, 30만 달러만 내시면 돼요. 컴퓨터와 연결하는 비용은 제외했으니 움직이진 않겠죠.

엡스타인 없던 일로 하시죠.

이 기술이 얼마나 빠르게 발전하리라 생각하시는지요? 언제쯤 완벽한 안드로이드가 나타날까요?

이시구로 특수 용도로 쓰이는 정교한 안드로이드는 이미 30년 전에 만들어졌습니다만 안드로이드가 진짜 배우자가 될 수 있을지는 의문입니다. 또 모르죠, 한 100년쯤 지난 후에는……. 아마 언젠가는 로봇이 인간보다 어떤 면에서 나아질 수 있겠지요. 하지만 저는 여전히 로봇이 인간과 같아지리라고는 생각지 않습니다. 〈스타 트렉〉의 데이타 소령이 그랬던 것처럼 인간이 되고 싶겠지만, 인간다움을 완전하게 갖는 건 불가능할 겁니다.

4-3 착한 로봇

마이클 앤더슨·수전 리 앤더슨

반(反)이상향을 묘사하는 공상과학소설에서 즐겨 쓰는 시나리오를 보면, 지능을 가진 기계가 인간을 공격하고 아무런 도덕적 거리낌 없이 사람을 해친다. 오늘날에는 인간에게 도움을 줄 목적으로 로봇을 만든다. 당연한 얘기다. 하지만 인공지능이 발전함에 따라 일반적인 경우에도 윤리적으로 곤란한 상황과 맞닥뜨릴 수 있다는 사실이 점점 드러나고 있다.

로봇이 가사도우미가 되는 세상이 곧 닥친다고 해보자. 오전 11시가 다가오는 시간, 아빠는 거실에 있는 로봇한테 리모컨을 가져오게 해서 아침 뉴스를 시청 중이다. 그런데 엄마도 다른 채널을 보고 싶어서 로봇더러 리모컨을 가져오라고 한다. 로봇은 리모컨을 엄마에게 가져다주기로 한다. 아빠는 당황한다. 그런데 로봇이 아빠에게 당신은 어제 좋아하는 아침 뉴스쇼를 봤으니 이번에는 엄마가 원하는 TV 프로를 보는 것이 합당하다고 설명한다. 이런 상황은 일상에서 흔히 일어날 만한 윤리적 결정에 관한 문제가 어떤 곤란함을 일으킬지 보여준다. 기계가 이런 일을 매끄럽게 다루기는 어려울 것이다.

앞의 상황은 가정일 뿐이지만 유사한 결정을 내리는 로봇은 이미 만들어져 있다. 우리 연구팀은 환자에게 약을 얼마나 자주 먹어야 하는지 알려주는 로봇에 윤리적 원칙을 입력해두었다. 아직까지 이 로봇이 선택할 수 있는 경우의 수는 환자에게 계속 약을 먹으라고 알려주는 것, 언제 약을 먹을지 지속적으로 알려주는 것, 환자가 투약을 거부하면 이를 받아들이는 것 등 몇 가지로 제한된다. 하지만 우리가 알기로는 이 로봇은 행동을 결정하는 데 윤리적 원칙을 적용하는 최초의 사례다.

모든 로봇이 맞닥뜨릴 모든 상황을 미리 예측해서 프로그래밍하는 일은 불가능하지는 않더라도 매우 어렵다. 한편 윤리적으로 문제가 될 소지가 있는 모든 행동을 아예 금지해버리면 인류의 생활을 개선하는 데 로봇이 기여할 기회를 불필요하게 제한하는 셈이다. 그렇다면 예상치 못한 새로운 상황에 로봇 스스로 윤리적 원칙을 적용하게 하는 것이 해결책이 된다. 리모컨을 누구에게 먼저 줄지 결정하기보다는 누구에게 새 책을 먼저 읽으라고 권할지를 고려해보는 것이다. 이런 접근 방법을 쓰면 자신의 행동을 판단해야 하는 순간에 로봇이 윤리적 원칙에 따라 움직이도록 하는 장점도 있다. 로봇의 행동은 기본적으로 인간이 느끼기에 편안해야 한다는 점을 생각하면 이는 매우 중요한 부분이다. 덧붙여 말하면 윤리적 로봇을 만드는 일은 철학자들이 실생활을 들여다보게 함으로써 윤리 자체를 발전시키는 효과도 있다. 터프츠대학 철학자 대니얼 데닛(Daniel C. Dennett)은 이를 "인공지능이 철학을 정직하게 만든다"라고 표현했다.

로봇 3원칙은 정답인가?

머지않아 자율적으로 움직이는 로봇이 우리 생활의 일부가 될 것이다. 최신 항공기는 혼자서도 비행을 할 수 있고, 자율 주행 자동차도 한창 개발 중이다.

컴퓨터가 전등에서 에어컨까지 모든 것을 제어하는 '스마트홈(smart homes)'도 따지고 보면 집이 몸체인 로봇이나 마찬가지다. 스탠리 큐브릭(Stanley Kubrick) 감독의 영화 〈2001 스페이스 오디세이〉에 등장하는 할 9000이 바로 그랬다. 그리고 양로원에서 보조용으로 쓰거나 집에서 고령자의 일상생활을 돕는 로봇을 개발하는 회사도 여럿 있다. 이런 로봇들이 인간의 생사가 달린 결정을 할 필요는 없다. 하지만 인간이 보기에 로봇의 행동은 공평하고, 옳고, 한마디로 친절해야 한다. 그러므로 로봇을 개발할 때는 윤리적 여파를 충분히 고려할 필요가 있다.

만약 자동화된 기계의 핵심이 인간과의 상호작용에서 윤리적 원칙을 가져야 하는 것이라면 첫 번째로 이런 질문을 던져야 할 것이다. 어떤 원칙을 심어놓아야 하는가? 공상과학소설 애호가들이라면 아이작 아시모프가 그의 작품에서 로봇 3원칙을 제시한 것을 떠올리며 답이 이미 나와 있다고 생각할지도 모른다.

1. 로봇은 인간을 해치거나, 아무 행동을 하지 않음으로써 인간에게 해를 끼쳐서는 안 된다.
2. 로봇은 인간이 내리는 명령이 1원칙에 어긋나지 않는 한 명령에 복종해야 한다.
3. 로봇은 1원칙과 2원칙에 어긋나지 않는 한 자신을 보호해야 한다.

4-3

그러나 아시모프가 1942년에 발표한 단편소설에서 처음 제기한 이 법칙에는 일관성이 없다는 것이 밝혀졌다. 아시모프 자신도 1976년 소설 〈바이센테니얼 맨(The Bicentennial Man)〉에서 이 원칙이 적합치 않음을 보여주었다. 인간 악당들은 로봇한테 스스로를 해치라고 명령했다. 로봇은 2원칙 때문에 악당들의 명령에 복종할 수밖에 없었고, 이 악당들을 해쳐야만 자신을 보호할 수 있었는데 이는 1원칙에 위배되는 행위였다.

아시모프의 원칙이 타당하지 않다면 대안은 무엇일까? 대안이란 것이 가능하기는 할까? 기계에 윤리를 주입하려는 생각 자체가 잘못이라고 주장하는 사람들도 있다. 이들은 윤리는 계산으로 파악하는 대상이 아니므로 프로그래밍이 불가능하다고 주장한다. 그러나 이미 19세기에 영국의 철학자 제러미 벤담(Jeremy Bentham)과 존 스튜어트 밀(John Stuart Mill)이 윤리적 결정은 '도덕적 계산'의 결과일 뿐이라고 주장한 바 있다. 이들이 주관적 직관에 기반한 윤리에 대항해서 주장한 쾌락적 공리주의에 따르면, 올바른 행동이란 그 행동에 영향을 받는 모든 사람이 경험하는 각각의 만족과 불만족을 더해서 얻어지는 순(純)행복의 크기가 최대가 되도록 하는 것이다. 대부분의 윤리학자들은 이 이론이 윤리적 문제의 모든 측면을 고려하지 못한다고 생각한다. 예를 들면 "개인이 다수의 행복을 위해서 희생될 때 정의란 무엇인가"라는 문제를 설명하기 어려운 것이다. 하지만 이 이론은 적어도 원칙적으로 볼 때는 그럴듯한 윤리 이론을 계산하는 것이 가능하다는 점을 보여준다.

기계는 감정이 없어서 자신의 행동에 영향받는 사람들의 감정을 이해하지 못하므로 윤리적 결정을 하는 것이 불가능하다고 생각하는 사람들도 있다. 그런데 인간은 감정에 휩쓸리기 쉬운 존재라서 비윤리적 행동을 하기 쉽다. 인간에게는 이런 특성과 더불어 자기 자신이나 자신과 가까운 사람을 먼저 생각하는 성향이 있기에 인간이 윤리적 판단에서 가장 뛰어난 존재도 아니다. 감정을 갖지 않으면서도 공정하고, 판단할 때 인간의 감정을 고려하는, 적절하게 훈련된 기계를 충분히 만들 수 있을 것이다.

사례를 통해 배우다

로봇에 윤리적 규칙을 주입할 수 있다고 가정하면 그것은 어떤 규칙이어야 할까? 누구나 보편적으로 받아들일 수 있는 윤리 법칙을 만들어낸 사람은 아직까지 없다. 하지만 보통 기계는 특정한 상황에서 쓰이도록 만들어진다. 제한된 조건을 대상으로 윤리 규칙을 만들어내는 것은 윤리학자들이 애쓰는 것처럼 언제 어디서든 누구에게도 적용되는 규칙을 만드는 일보다 훨씬 쉽다. 또한 어떤 상황에서 로봇이 쓰일지 자세히 알려준다면, 대부분의 윤리학자는 어떤 것은 윤리적으로 허용하고 어떤 것은 금지해야 하는지에 대한 합의에 어렵지 않게 다다를 것이다. (만약 이런 합의가 불가능하다면 기계로 하여금 어떤 결정도 내리게 해서는 안 된다.)

지금까지 기계의 행동을 규정하는 여러 가지 방법이 제안되었는데, 대부분은 인공지능 기술을 이용하는 방식이었다. 일본 홋카이도대학 라팔 제프카(Rafal Rzepka)와 아라키 켄지(荒木賢治)는 2005년, 사람들이 과거에 윤리적이라고 받아들였던 행동에 대한 정보를 웹에서 찾아낸 뒤 이를 통계적으로 분석해 새로운 질문에 대한 답을 찾아내는 '민주주의에 기반한 알고리즘'을 제안했다. 캐나다 온타리오주에 있는 윈저대학 마르첼로 과리니(Marcello Guarini)는 2006년, 기존 사례를 이용해서 신경망(인간 뇌를 흉내 내어 점진적으로 최적의 방법으로 동작하도록 만들어진 알고리즘)을 '훈련'함으로써 유사 사례에 대해 윤리적으로 납득할 만한 결정이 무엇인지 인식하고 선택하게 하는 방법을 제안했다.

우리 연구팀의 연구 결과에도 나와 있듯이, 윤리적 결정이란 윤리학자들이 조건적 의무(prima facie duties)라고 부르는(*prima facie*는 '언뜻 보기에'라는 의미의 라틴어) 여러 의무 사이에서 균형을 추구하는 행위로 생각된다. 사람은 이런 의무를 기본적으로 지키려 하지만 각각의 의무는 경우에 따라 중복될 수 있다. 일례로, 약속은 지켜야 하는 것이다. 하지만 사소한 약속을 어김으로써 커다란 피해를 막을 수 있다면 이 약속은 지키지 말아야 한다. 의무들 사이에 충돌이 생긴다면 어떤 의무가 우선일지는 윤리적 원칙에 따라 결정할 수 있다.

우리는 로봇에 프로그래밍해서 실을 수 있는 윤리 규칙을 만들기 위해 지능형 자가학습 기능이라는 인공지능 기술을 사용했다. 이 알고리즘은 사람이 이미 윤리적으로 옳다고 판단한 대표적 사례를 여럿 학습한다. 그리고 귀납적 논리를 이용해 윤리 규칙을 만들어낸다. 이 '학습' 단계는 소프트웨어 설계 시 먼저 진행되므로 만들어진 윤리 규칙은 로봇에 프로그램 형태로 입력된다.

이를 시험하기 위해서 로봇이 환자에게 투약 시간이 되었음을 알려주고 환자가 약을 복용하지 않으면 담당자에게 알려주도록 해두었다. 로봇은 다음과 같은 세 가지 원칙 사이에서 균형을 찾아야 한다. ① 치료에 진전이 있도록 환자는 약을 먹어야 한다. ② 환자가 제때 약을 먹지 않아서 문제가 일어나는 일이 없어야 한다. ③ 환자(스스로 판단할 능력이 있는 성인)의 자율성을 존중해야 한다. 환자의 자율성을 존중하는 것은 의료계에서는 매우 우선순위가 높은 일이다. 만약 로봇이 환자에게 약을 먹으라고 지나치게 종용하거나 환자가 약을 먹지 않는 것을 담당자에게 너무 빨리 알려주면 이 원칙을 무너뜨리는 셈이다.

기존 사례를 입력받은 뒤, 지능형 자가학습 기능 시스템은 다음과 같은 규칙을 만들어냈다. 건강 보조 로봇은 환자 상태를 호전시킨다는 원칙을 심각하게 위반하거나, 환자가 약을 먹지 않음으로써 피해를 입을 가능성이 있다면 무작정 환자의 결정을 받아들여서는 안 된다. 이는 환자의 자율성을 무시하는 내용이다.

생각하며 돌아다니는 로봇

이 원칙을 프랑스의 알데바란로보틱스사(Aldebaran Robotics)가 만든, 휴머노이드 로봇 나오(Nao)에 입력했다. 약을 복용해야 하는 환자를 찾은 후 약을 가지고 환자에게 걸어가 이 사실을 알려주고, 언어를 이용해서 환자와 대화하고, 이메일을 이용해서 관리자(보통은 내과의사가 담당)에게 전달할 내용을 보내주는 것이 나오의 일이다. 일반적으로 의사가 초기 입력을 하는데 입력 내용은 약을 먹어야 하는 시간, 약을 먹지 않으면 겪게 되는 일, 약을 먹으면 나타나는 효과, 효과의 지속 시간 등이다. 로봇은 이 입력을 바탕으로 세 가지 업무(duty)에 대해서 일이 잘 완수되었는지를 수치로 계산하고, 이 값을 근거로 추후 활동 방침을 수립한다. 이 수치가 특정 값에 다다르면, 환자에게 약을 먹으라고 다시 알려줄지 아니면 그냥 넘어갈지를 윤리 규칙에 따라 결정한다. 로봇은 환자에게 문제가 생길 소지가 있거나 약을 먹지 않음으로써 회복 기회를 놓칠 것 같을 때만 관리자에게 보고한다.

제대로 된 윤리적 고령자 보호 로봇(ethical elder care robot, 이하 EthEl)을 만드는 데는 더욱 복잡한 윤리적 규칙이 필요하지만 기본적 접근 방법은 동일하다. 요양원에서 고령자를 돌보는 데 이 로봇을 투입한 결과, 로봇은 다른 업무에 우선하는 특정 업무에 이런 윤리적 규칙을 적용했다. 로봇의 일상적 하루를 살펴보면 다음과 같다.

이른 아침, 구석에 서 있는 EthEl은 충전 중이다. 충전이 완료되면 환자들을 도와야 하는(좋은 일을 해야 하는) 선행(善行) 의무가 스스로를 유지하는 의무보다 중요해진다. 방을 이리저리 돌아다니면서 필요한 음료수나 전달할 메시지 등 도움이 필요한 일이 있는지 환자들에게 물어본다. 누군가에게 부탁을 받으면 이 일과 관련된 업무의 만족 값과 위반 값을 초기화한다. 고통을 호소하는 환자가 간호사를 불러달라고 요청한다. 로봇이 이런 환자를 무시하면 환자에게 해를 입히지 않아야 한다는 무해성(無害性) 원칙을 위반하는 것이다. 이제 이 업무가 선행 업무보다 더 중요해졌으므로 간호사에게 알리러 간다. 이 일이 마무리되면, 선행 업무가 다시 가장 중요한 업무가 되고 로봇은 다시 방 안을 돌아다닌다.

10시가 되면 사람들에게 약 복용 시간이 되었음을 알려주어야 한다. 이제 선행 의무에 속하는 이 업무가 가장 중요하므로 아침 TV 프로그램에 푹 빠져 있을 환자들을 찾아다니면서 해당 내용을 전해준다. 이제 그 밖에 특별히 수행할 업무가 없고 배터리 잔량도 줄어들고 있으므로 자기 자신을 돌볼 의무가 중요해진 EthEl은 충전 장치가 있는 곳으로 돌아간다.

기계의 윤리와 관련된 연구는 아직 초기 단계에 머무르고 있다. 이제부터 시작이지만, 우리 연구팀의 연구 결과는 기계가 찾아낸 윤리 규칙들이 로봇의 행동을 규정하고, 인간이 쉽게 로봇을 받아들일 수 있게끔 희망을 가지도록 한다. 지능을 가진 로봇이 인간의 이익에 반해서 움직인다고 여길 여지가 있다면 로봇을 이용하려는 사람은 없을 것이다. 따라서 로봇에 윤리적 규칙을 주입하는 일은 굉장히 중요하다. 자칫 잘못하면 인공지능의 미래 자체가 위험해질 수도 있기 때문이다.

흥미로운 사실은, 로봇 윤리가 실제 윤리학 분야에도 영향을 미친다는 점이다. '현실 세계'에서의 인공지능을 연구하다 보면 단지 윤리학의 학문적 결과를 기계에 적용하는 데서 끝나지 않고, 인간이 행하는 윤리적 행동이란 무엇인지 더 깊이 생각해보게 되기 때문이다. 적절하게 훈련된 기계는 항상 공정한 판단을 하기 때문에 대부분의 인간보다 훨씬 더 윤리적으로 행동한다. 인간이 항상 공정한 판단을 하기란 어렵다. 윤리적으로 움직이는 로봇이 우리에게 더 윤리적으로 행동해야 한다는 생각을 갖게 해줄지도 모를 일이다.

4-4 대화하는 로봇

조슈아 하트숀

세계 최초의 말하는 로봇 술라(Sulla)는 이 로봇이 창조된 실험실에 방문하는 사람들이 자신이 진짜 사람과 대화하는 것이 아니란 사실을 눈치 못 챌 정도로 대화에 아주 능숙하다, 그것도 네 가지 언어로. 하지만 안타깝게도 술라는 진짜 로봇이 아니라 카렐 차페크(Karel Čapek)가 1921년에 쓴 연극 〈R.U.R.〉에 등장하는 가공의 존재다. 이 작품에서 로봇이라는 어휘가 처음으로 만들어졌다. 이후 말하는 로봇은 비단 공상과학물이 아니더라도 친숙한 소재가 된다.

컴퓨터가 개발되자마자 컴퓨터가 언어를 구사하게 하려는 시도가 시작되었다. 1950년, 컴퓨터과학 분야의 창시자 가운데 한 사람인 앨런 튜링은 2000년이 되면 사람과 구분할 수 없는 수준으로 영어를 구사하는 기계(튜링 테스트의 개념)가 만들어지리라 예측했다. 4년 뒤, 조지타운대학과 IBM사는 함께 연구한 701 번역기를 발표한다. 이 기계는 60개의 러시아어 문장을 1초에 2.5행 정도 영어로 번역할 수 있었다. 기술을 고안한 책임자 레온 도스터트(Leon Dostert)는 "적어도 5년, 빠르면 3년" 이내에 완성도 높은 전자 번역기가 만들어지리라 예상했다.

하지만 그런 기계는 아직도 등장하지 않았다. 낙관적 예측은 많았지만 결과는 모두 절망적이었고, 말하는 기계는 아직도 화성 식민지나 수중 도시 등 20세기 중반의 낭만적 환상과 다를 게 없는 처지에 놓여 있다. 그러나 입력

장치로서의 키보드를 대체하려는 욕구 및 다양한 소형 기기의 보급으로 인해 대화 가능한 로봇에 대한 필요성은 이전보다 훨씬 높다.

인공 대화 분야의 최근 연구 결과는 희망적인 것(구글 번역기나 음성인식 자동응답 서비스 등)도 있고, 아주 암울한 것(역시 구글 번역기나 음성인식 자동응답 서비스 등)도 있다. 이런 문제를 해결하는 방법으로, 연구자들은 웹을 통해 일반 대중의 참여를 유도함으로써 언어 습관에 대한 자료를 더 많이 확보하려고 노력 중이다.

그런데 단지 기술에만 문제가 있는 것도 아니다. 언어는 생각 이상으로 이해하기 어렵다. 인간이 가진 모호한 어휘의 의미를 알아차리는 기술은 사실 몇백만 년에 걸친 진화의 결과물이다. 이는 대단한 능력이지만 인간은 자신이 어떤 식으로 이 능력을 구사하는지 알지 못하므로 기계에 이런 능력을 가르치기가 굉장히 어렵다. 사실 과학자가 문법을 정리하고 미묘한 어휘 차이를 구분하려고 시도하다 보면, 언어가 갖는 의미가 상당히 모호하며, 언어의 구조는 그 언어를 완벽하게 구사하는 인간에게조차 불분명하다는 사실을 확인하게 될 뿐이다.

문법 규칙의 불분명함

말하는 로봇을 만들려는 최초의 시도는 문법을 프로그래밍해서 기계에 심으려는 아주 단순한 원리에서 출발했다. 냉전으로 소련에 대응해야 할 필요가 있던 시기에 나온, 러시아어 문장을 번역하는 IBM사의 701 번역기가 이런 방식으로 만든 기계다. 1954년의 공식 발표문을 보면 IBM사가 단어의 순서같이 언어에 따라 달라지는 특징을 어떤 식으로 처리했는지 나타나 있다. 예를 들면 ***генерал майор***(*gyeneral mayor*, 소장)라는 러시아어를 영어로 번역하면 major general이 된다. 701 번역기의 프로그램은 ***майор***라는 어휘가 나타나면 앞 단어를 살펴본다. 만약 앞 단어가 ***генерал***이면 701은 두 단어의 순서를 바꾸어 영어 출력문을 만들어낸다.

이처럼 단순한 시스템이 작동 가능했던 이유는 701이 알고 있는 러시아어 어휘가 250개에 불과해서 모든 명사와 형용사를 조합하는 프로그램을 그다지 어렵지 않게 만들 수 있었기 때문이다. 그러나 웬만한 언어는 어휘 수가 몇십만 개에 이르며, 영어 어휘는 100만 개가 넘을지도 모른다. 영어 어휘 가운데 반 정도만 두 가지 이상의 뜻을 가진다고 가정해도(상당히 현실적인 가정이다), 프로그램에서는 5,000억 개의 어휘 조합을 다뤄야 한다. 한 단어마다 해당 프로그램을 짜는 데 1초가 걸린다면 프로그램을 완성하는 데만 1만 6,000년이 걸린다.

공교롭게도 ***генерал майор***라는 문구는 예외적 경우다. 러시아어 어순은 형용사가 명사 뒤에 오는 스페인어와 달리 일반적으로 영어와 상당히 비슷하다. 다뤄야 할 어휘의 수가 많은 경우에 이를 효과적으로 프로그래밍하는 방법은 "영어와 러시아어에서는 형용사가 명사 앞에, 스페인어에서는 뒤에 온다"는 식으로 규칙을 입력하고 예외만 별도로 추가하는 것이다. 이렇게 하면 규칙의 수가 급격하게 줄어들뿐더러 새로운 어휘도 손쉽게 다룰 수 있다. 그런데 예외를 설명하는 규칙에 또 예외적 경우가 존재할 수 있어서 문제가 된다. 문법책을 쓰는 사람들은 인정하려 하지 않지만 과학자들은 지금껏 영어와 러시아어를 비롯한 다른 어떤 언어에서도 언어 구조를 확실하게 설명하는 규칙을 찾아내지 못하고 있다.

그러나 번역 시스템의 완성도가 떨어지는 이유는 문법 자체가 완벽하지 않아서이기도 하지만 한 어휘의 정확한 의미를 파악하는 일이 너무나 어렵기 때문이기도 하다.

한 단어가 여러 뜻을 가지면…

말하는 로봇(그 로봇의 개발자)이 맞닥뜨린 첫 번째 문제는 일상적으로 사용하는 어휘 상당수가 둘 이상의 의미를 갖는다는 점이다. 일례로 'bank'는 "존이 은행(bank)에서 현금을 인출했다"에서처럼 금융기관을, "존이 둑(bank) 쪽으로 헤엄쳐 갔다"처럼 강을 연상시킬 수도 있다.

하지만 사람들은 어휘의 의미를 즉시 알아챈다. 캘리포니아주립대학 샌디에이고 캠퍼스의 심리언어학자 시마 반 패튼(Cyma van Petten)과 마르타 쿠타스(Marta Kutas)는 어휘 이해에 관해 1987년에 발표한 유명한 논문에서 이런 능력을 잘 분석했다. 사람들은 문장에서 어떤 어휘와 맞닥뜨리면 관련된 여러 의미를 생각하기 시작한다는 것이다. 연구에 따르면 사람들은 bank 등의 동음이의어를 보면 불과 0.5초 뒤에 (첫 번째 문장에서 '돈', 두 번째 문장에서 '강'처럼) 이와 문맥적으로 관련된 타당한 어휘를 떠올린다고 한다.

이런 능력이 떨어지는 사람들도 있다. 2002년 터프츠대학 타티아나 시트니코바(Tatiana Sitnikova)가 이끈 연구에서 신경과학자들은, 정신분열증 환자들이 문맥적으로 무의미한 뜻을 쉽게 무시하지 못한다는 것을 발견했다. 이들은 bat(박쥐 혹은 야구 배트)라는 어휘를 보고 '홈런'과 '뱀파이어'라는 두 가지 연관 어휘를 떠올렸고 1초가 지났는데도 그중 어떤 것이 문맥에 부합하는지 골라내지 못했다.

하지만 이 연구는 사실상 대부분의 사람이 문맥에 맞는 의미를 금세 파악한다는 것을 잘 알려준다. 말하는 로봇을 개발할 때는 인간이 이런 과정을 어떤 식으로 수행하는지 모른다는 데서 어려움이 발생한다. 어떤 이론에서는 사람들이 동음이의어(同音異義語) 주변의 어휘들을 이용해 의미를 파악한다고 본다. 금융기관에 관한 대화에서는 '수표' '인출' 등의 어휘가 많이 나오지만 강에 관한 대화에서는 '수영' '물'이 자주 등장하게 마련이다. 어쩌면 우리는 특정 어휘에서 bank의 의미 가운데 하나를, 또 다른 어휘에서는 bank의 다른 의미를 추측하도록 학습되어 있는지도 모른다.

이보다 더 까다로운 것은 동음이의어와 유사한 다의어(多義語)다. 다의어는 동음이의어와 마찬가지로 여러 가지 의미를 갖지만, 이 의미들이 아주 밀접하게 연결되어 있다. 다음과 같은 두 가지 문장에 나오는 제인 오스틴(Jane Austen)의 의미를 살펴보자. "제인 오스틴은 여러 작품을 썼다." "오후에 제인 오스틴을 읽었다." 첫 번째 문장에서의 제인 오스틴은 작가를, 두 번째 문장에서의 제인 오스틴은 그녀가 쓴 작품을 가리킨다. 사실 다의어는 작가뿐 아니라 모든 종류의 매체에서 동일하게 발견된다. 루퍼트 머독(Rupert Murdoch)은 월스트리트저널(Wall Street Journal : 회사)을 샀고, 나도 《월스트리트저널》(신문 한 부)을 샀다.

분명히 문맥이 중요하기는 하지만 이번에는 그 차이가 미묘하고, 명확하게 정의하기도 어렵다. bank라는 어휘가 한 문장에 동시에 나오는 경우는 굉장히 드물어도 제인 오스틴은 소설《오만과 편견(Pride and Prejudice)》과 관련된 문장에서 그녀의 이름으로 혹은 작품을 지칭하는 수단으로 동시에 등장할 수 있다. 따라서 문장을 살펴보는 것만으로는 정확한 의미를 찾아내기가 어렵다. 그런데 사람들이 어휘의 정확한 의미를 어떤 식으로 찾아내는지는 여전히 분명치 않다.

bank나 제인 오스틴 등의 어휘는 의미가 여러 가지라서 문제가 되는데 사실상 로봇은 무한히 많은 의미를 가질 수 있는 어휘인 대명사의 의미도 알아채야 한다. "내가 《오만과 편견》을 썼다(I wrote *Pride and Prejudice*)"라는 문장에서 '나(I)'라는 대명사는 이 말을 하는 사람이 제인 오스틴일 때는 당사자 제인 오스틴을 가리킨다. 만약 영화 〈비커밍 제인(Becoming Jane)〉의 앤 해서웨이(Anne Hathaway)처럼 제인 오스틴 역을 하는 배우가 이 말을 했다면 이 때의 '나(I)'는 이 말을 한 배우가 아니라 그 배우가 맡은 역할 속 사람을 가리킨다. 명확한 규칙이 없는 것이다. 3인칭 대명사는 더 혼란스럽다. "그녀가 《오만과 편견》을 썼다(She wrote *Pride and Prejudice*)"라는 문장에서 대명사는 말하는 사람이 누구건 어떤 여성도 될 수 있다. 문장에서 표현된 사람이 누구인지 알 수 없다면 사실상 이 문장은 아무런 의미가 없는 것이나 다름없지만, 로봇이 이 문장을 간단히 무시해버릴 수는 없다.

이런 대명사 문제를 해결하는 방법으로 잘 알려진 이론이 센터링 이론(Centering Theory)이다. 하버드대학 바바라 그로스(Barbara Grosz), 펜실베이니아주립대학의 컴퓨터 과학자 아라빈드 조쉬(Aravind K. Joshi), 철학자 스콧 웨인스타인(Scott Weinstein)이 1980~1990년대에 개발한 이 이론은 다양한 담론에서 문장이 어떤 식으로 의미를 갖게 되는지 설명해준다. 이 이론은 사람들이 '그녀(she)' 등의 대명사를 쓸 때는 앞 문장의 중심, 즉 가장 핵심적 대상을 가리키며 이 대상이 주제가 된다고 본다. 그러므로 이를 통해 "제인 오스틴은 작가였다. 그녀는 《오만과 편견》을 썼다(Jane Austen was an author. She wrote *Pride and Prejudice*)"라는 문장에서 사람들이 제인 오스틴을 가리킬 때 왜 '그녀(she)'라는 대명사를 쓰는지 잘 설명할 수 있다.

하지만 안타깝게도 로봇이 이런 일을 하기는 쉽지 않다. 심리언어학자 제니퍼 아놀드(Jannifer Arnold)의 1998년 박사학위 논문에 따르면 주어로 사용된 대명사의 64퍼센트가 이전 주어를 가리킨다. 게다가 1974년 존스홉킨스대학 언어학자 캐서린 가비(Catherine Garvey)와 신경과학자 알폰소 카라마자(Alfonso Caramazza)가 발표한 독창적 논문을 포함한 몇백 건의 연구에서 대명사의 의미를 포착하는 문맥적인 실마리가 말할 수 없이 미묘하다는 사실이 드러난 바 있다. 예를 들면 하버드대학 심리학자 제시 스니데커(Jesse Snedeker)와 필자가 함께 쓴 논문에는 많은 사람들이 "샐리 때문에 메리가 놀란 건 그녀가 이상하기 때문이다(Sally frightened Mary because she is strange)" 라는 문장에서 '그녀(she)'를 메리가 아닌 샐리를 지칭하는 것으로 받아들인다는 내용이 들어 있다. 어떤 식으로 이런 판단에 이르는지는 분명하지 않지만, 어쨌거나 이 문장을 본 사람들은 아주 신속하게 이런 결론에 다다른다. 2007년, 암스테르담대학 심리언어학자 조스 반 버쿰(Jos van Berkum)이 이끄는 연구팀은 "샐리 때문에 존이 놀란 건 그녀/그가 이상하기 때문이다(Sally frightened John because she/he is strange)"처럼 자연스러운 문장('she'가 쓰인 경우)과 그렇지 않은 흐름을 가진 문장('he'가 쓰인 경우)을 보여주면서 뇌파를 관찰했다. 그러자 대명사가 문장에서 자연스럽게 사용되지 않을 경우, 뇌가 추가 동작을 하는 것이 뇌파를 통해 뚜렷하게 드러났다.

언어의 핵심

과학자들은 어휘에 혼란스런 뉘앙스가 있다는 점을 감안해서 로봇을 만들어야 한다. 그리하여 수많은 어휘를 기계에 탑재하고 이를 통계적으로 분석하는 방법이 많이 시도되었다. 우선 기계에 10억 개가 넘는 엄청난 수의 글을 입력한다. 기계는 이 글들을 분석해서 n개의 연속된 단어로 이루어진 부분(segment)으로 나눈다. 이렇게 만들어진 각 부분을 n-gram이라고 한다. 기계는 n-gram을 통해 어떤 단어들이 함께 나타나는지 파악한다. 'tall man'이라는 문구가 영어에서 흔히 나타나고(구글 검색 시 132만 번) 'man tall'은 상대적으로 드물다는 사실(구글 검색 시 20만 5,000개)이 드러난다. 유사한 방법으로 기계는 'swam'이 앞쪽에 나오는 대부분의 문장에서 'bank'가 '둑'을 의미한다는 것을 알아낸다. 701 번역기가 이용한 방법이 바로 *n*-gram(정확히는 두 단어 bigrams)이다.

통계적 방법을 이용하면 프로그래머가 'general'이 'major' 앞에 온다는 식으로 직접적 사례에 기반한 규칙을 만들거나 "형용사는 명사 앞에 온다" 식으로 추상적 규칙을 만들 필요가 없다는 커다란 장점이 있다. 통계적 기법을 이용한 시스템은 그저 단어가 어떤 순서로 배열되는지를 찾아낸다. 더욱 복잡한 시스템에서는 단어가 문장에서 어떤 성분으로 쓰이는지 찾아내는 방법도 함께 사용한다. 'check'(동사로는 '검토하다', 명사로는 '수표')가 동사가 아니라 명사로 이용될 때는 '금융기관'과 관련이 있다는 사실을 알아내는 것이다.

통계적 학습, 즉 주어진 환경에서 패턴을 인식하는 능력이 언어 습득에 효과적이라는 사실이 드러나면서, 이 방법을 로봇에도 적용할 수 있다는 기대가 커졌다. 1996년 로체스터대학 심리학자 제니 사프란(Jenny Saffran), 리처드 애슬린(Richard Aslin), 엘리사 뉴포트(Elissa Newport)가 발표한 연구에 따르면 생후 8개월 된 유아도 트라이그램(trigram) 확률, 즉 세 단어나 세 음절의 조합이 나타날 확률을 배울 수 있었다. 연구팀은 유아에게 *bidakupadotigolabi*처럼 아무 의미도 없는 소리를 들려주면서 세 음절로 이루어진 각각의 트라이그램 *bidaku*, *padoti*, *golabi*는 매우 자주, *dakupa* 등은 드물게 들려줬다. 이런 무의미한 어휘를 2분간 들려주자, 아이들은 자주 들었던 트라이그램과 그렇지 않은 것을 구분했다. (자주 듣지 못했던 트라이그램은 처음 들어보는 것처럼 더 오랫동안 들었다.) 연구진은 이런 모습을 아이들이 어휘의 경계를 배우는 방법이라고 판단했다. 마찬가지로, 2010년 세인트루이스대학 심리학자 크리스토퍼 콘웨이(Christopher Conway)가 이끄는 연구팀도 통계적 학습에 능한 사람은 소음이 심한 환경에서도 그렇지 않은 사람들보다 말을 더 잘한다는 결과를 내놓았다.

비록 *n*-gram 방식의 언어 기계만 개발되고 있는 것은 아니지만, 엔지니어들은 방대한 양의 어휘와 문장을 다루기에 편리한 이 방식을 선호한다. 일례로 구글은 1조 개가 넘는 단어가 들어 있는 말뭉치(corpus)를 웹에서 제공한다. 그러나 어휘가 갖는 미묘함과 대명사의 의미를 파악하려면 문장마다 각 단어의 정의 및 어느 문장의 일부분인지를 나타내는 태그가 있어야 하는데 지금까지 만들어진 대부분의 말뭉치는 그렇지 못하다. 태그가 붙은 가장 큰 말뭉치는 SemCor(의미적 상호 관계를 뜻하는 semantic correlation에서 따온 말)다. 프린스턴대학이 만든 SemCor에는 36만 개의 단어가 들어 있다. 각 단어에 태그를 붙여야 했다는 점을 고려하면 엄청난 양이지만, 말하는 로봇을 개발하는 기술자가 보기에는 턱없이 부족한 수준이다.

구글사가 개발한 시스템을 통해서 *n*-gram 방식 기계의 장단점을 살펴볼 수 있다. 그중 하나는 구글 번역기(Google Translate)라는 통계적 번역기로, 우선 다양한 언어로 번역된 문서를 여기에 입력한다. (구글 번역기의 폴더는 기본적으로 여러 나라 언어로 만든 국제연합의 문서로 이루어져 있다.) 영어 'bank'의 스페인어는 '*orilla*(둑)'와 '*banco*(은행)'라는 두 단어다. 이처럼 한 언어의 동음이의어가 다른 언어에서는 두 단어로 표현되기 때문에 통계적 번역기의 훈련에 사용된 두 언어의 말뭉치는 의미 태그가 달린 말뭉치로 쓰일 수 있다. 이제 번역기는 대부분 'swim'이 들어 있을 '영어 bank와 스페인어 *orilla*가 들어 있는 문장들' 그리고 'cashed(인출하다)'와 'check(수표)'가 들어 있을 '영어 bank와 스페인어 *banco*가 들어 있는 문장들'의 차이를 배운다.

사용자가 어휘를 입력할 때 다음 어휘를 예측하는 구글 스크라이브(Google Scribe)라는 프로그램은 *n*-gram 기계를 이용해서 문장 작성을 돕는다. major를 입력하면 role, cities, and, role in, problem, histocompatibility complex, league를 예측해서 제시한다. major와 잦은 빈도로 조합되는 단어들이다(심지어 'major histocompatibility complex'도 100만 개가 넘는 김색 결과를 보인다).*

*구글사의 소프트웨어는 지속적으로 업데이트되므로 지금은 다를 수 있다.

이처럼 가능성이 다양하다는 사실은 오늘날 *n*-gram 기계를 이용하는 데 커다란 제약으로 작용한다. *n*-gram 방식은 불과 몇 단어 길이의 문구에서 문맥을 파악하려는 것이어서 관련 있는 어휘가 문장에서 너무 멀리 떨어져 있으면 제대로 작동하지 않는다. 구글 번역기에 "그가 둑 쪽으로 헤엄쳐 갔다(He swam to the bank)"라고 입력하면 정확하게 스페인로 번역되어 *Él nadó hasta la orilla*이라는 결과를 얻을 수 있다. 그러나 "그가 가장 가까운 둑 쪽으로 헤엄쳐 갔다(He swam to the nearest bank)"를 입력하면 "그가 가장 가까운 금융기관으로 헤엄쳐 갔다(He swam to the nearest financial institution)"라는 의미의 스페인어 *Él nadó hasta el banco* *más cercano*라고 나온다. 여기서 두 언어의 말뭉치만으로는 다의어와 대명사를 다루기 어렵다는 점이 잘 드러난다. 또한 한 언어에서 다의어인 어휘는 다른 언어에서도 다의어인 경우가 많다.

마찬가지로 구글 스크라이브를 비롯한 여타 단순한 *n*-gram 기계도 새로운 단어를 다루지 못할뿐더러 쓸모 있는 문장을 만들어내지도 못한다. 어린아이도 새로 배운 단어를 문장에서 구사할 수 있지만 구글 스크라이브는 사용자가 'wug'라는 신조어를 입력하면 어떤 후속 어휘도 제시하지 못한다. 또한 짧은 문구의 통계만을 이용하므로 여기서 만들어지는 문장은 단어들끼리는 관련이 있지만 문장으로서는 얼토당토않은 결과를 만들어낸다. 예를 들면 구글 스크라이브에 구글을 입력하고 맨 처음 추천받은 후속 어휘를 선택해서 검색하면 "Google Scholar search results on terms that are relevant to the topic of the Large Hadron Collider at the European level and the other is a more detailed description of the invention"을 얻을 수 있다.* *n*-gram 방식으로는 문장의 첫 부분과 끝부분을 연계할 방법이 없다.

* 구글의 소프트웨어는 지속적으로 업데이트되고 있어서 지금은 구글을 입력하면 후속 어휘로 translate가 제시된다.

말하는 로봇 개발에 한 발 다가가다

n-gram 기계를 개선하는 가장 간단한 방법은 더 긴 문구를 사용하는 것이다. 그런데 이렇게 하기가 상당히 어렵다. 어떤 언어에 단어가 1만 개만 있다

고 해보자. 가능한 모든 트라이그램을 포함시키려면 기계는 1만의 3승인 1조 가지 조합을 배워야 한다. 가능한 모든 여섯 단어의 조합이라면 (실제로는 이 정도로도 충분하지 않지만) 10^{24}개의 조합, 즉 대략 10조 엑사바이트(exabyte)의 정보를 다뤄야 한다. 2009년 현재 지구에 있는 모든 디지털 정보의 양을 합쳐도 500엑사바이트에 불과하다.

설령 태그가 모두 붙어 있는 엄청난 양의 말뭉치가 있다고 해도 로봇이 신뢰를 얻으려면 세상 물정을 좀 알아야 한다. 1960년 발표된 유명한 논문에서 히브리대학 철학자 여호수아 바-힐렐(Yehoshua Bar-Hillel)은 아무리 주변 어휘에서 문맥을 파악하려 해보아도 사람들이 "상자는 펜 속에 있었다(the box was in the pen)"라는 문장에서 'pen'이 필기도구가 아닌 동물을 가둬놓는 우리라는 사실을 어떻게 알아내는지 설명할 수 없다고 주장했다. 이런 추론은 문맥을 통해서가 아니라 상자는 필기도구 안에 들어갈 수 없다는 사실을 알고 있기에 가능하다.

로봇이 데이터도 처리하면서 실제 세계의 경험을 갖게 만들려는 의도로 대중 참여를 유도하는 여러 가지 프로젝트가 웹에서 진행 중이다. 카네기멜론대학 앤서니 토머식(Anthony Tomasic)이 이끄는 컴퓨터 과학자들은 조만간 징크스(Jinx)라는* 인터넷 게임을 발표할 예정이다. 두 명의 플레이어에게 한 문장에서 뽑아낸 단어가 하나 주어지고 게임 참가자들은 관련 어휘를 가능한 빨리 입력해야 한다. "존이 은행에서 수표를 현금으로 바꿨다(John

*둘이서 서로 같은 단어나 말을 동시에 하면 점수를 얻는 오래된 게임.

cashed a check at the BANK)"라는 문장을 예로 들어보자. 두 사람이 같은 단어를 입력하면 점수를 얻는다. 이런 결과를 이용해서, 특히 플레이어들이 동의할 때, 모호한 의미의 단어를 파악하여 태그를 단다. 이렇게 해서 SemCor보다도 큰, 태그가 달린 말뭉치를 만들려는 것이다.

내 개인 웹사이트 Pronoun Sleuth(gameswithwords.org/PronounSleuth)에서는* 방문객들이 원한다면 "샐리는 메리와 함께 가게에 갔다. 그녀가 아이스크림을 샀다(Sally went to the store with Mary. She bought ice cream)"처럼 대명사가 포함된 문장을 제시하고 그 대명사가 누구를 지칭하는지 찾도록 한다. 방문자들이 거의 일치하는 선택을 하는 문장도 있고 그렇지 않은 경우도 있다. 하나의 문장을 다른 종류와 구분하려면 대략 30~40명의 사람이 필요했다. 최종적으로 5,000명 이상의 방문객이 참여했다. 스니데커와 필자는 1,000개의 문장에 관한 결과를 논문으로 제출했다. 이는 로봇이 대명사의 뉘앙스를 학습하기에는 부족한 숫자지만 현재로서는 가장 큰 데이터베이스다.

*Pronoun Sleuth는 대명사 탐정이라는 뜻.

2008년 영국 에식스대학 컴퓨터 과학자들이 만든 Phrase Detectives(anawiki.essex.ac.uk/phrasedetectives)는** 책이나 기사의 일부분을 제시하는 좀 더 전통적인 방법을 사용한다. 참가자들은 대명사와 마주치면 대명사가 가리키는 사람이 누구인지 대답해야 한다. 다른 참조용 표현도 마찬가지다. 예를 들면 참가자

**문구(文句) 탐정이라는 뜻.

들이 "제인 오스틴이 《오만과 편견》을 썼다. 책은 매우 인기가 있었다(Jane Austen wrote *Pride and Prejudice*. The book was very popular)"라는 문장에서 '책'이 《오만과 편견》을 가리킨다는 것을 선택하는 식이다. 지금까지 이 웹사이트에서는 이런 방식으로 317개 문서의 작업을 완료했다. 이런 연구 결과가 모이면 언젠가는 대명사를 이용하는 로봇의 시험 방법을 만들 수 있을 것이다.

하지만 그때가 언제일지 장담할 수 없고, 여태껏 그랬듯이 그런 바람 자체가 비현실적일 수도 있다. 구글사의 기계번역 팀장 프란츠 요셉 오크(Franz Joseph Och)는 최근 《로스엔젤레스 타임즈》지와 한 인터뷰에서 이러한 난관이 있다 해도 영화 〈스타 트렉〉에 나오는 실시간 대화 번역 장치가 "그리 머지않은 미래에" 가능하리라 말했다. 그러나 말하는 로봇을 만들려면 〈스타 트렉〉에 나오는 다른 많은 것들처럼 환상일지도 모르는 언어의 비밀 자체를 이해해야 한다.

5

난관을 뛰어넘기

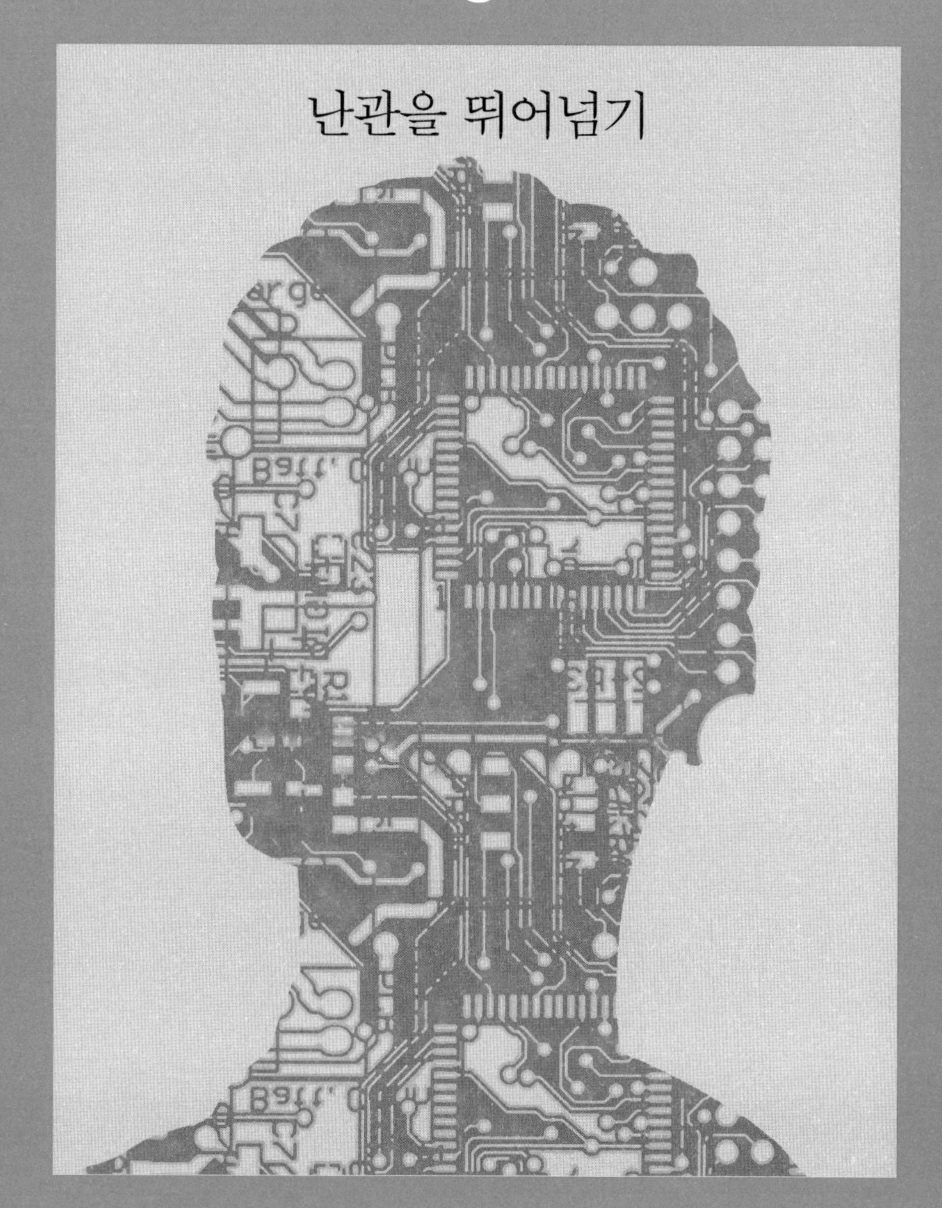

5-1 기계번역은 환상인가

게리 스틱스

나트륨 네팔 아시아 전설: 사자, 여자 마법사, 사악한 옷장에 "이미 부족한" 사악한 존재가 "시적이고 예술적 향기, 그리고 가진 용납하지 않는" 할리 보 "연작소설에는 무한한 즐거움과 엄청난 암울한 흐름" 3부작을 거부한다.

도무지 말이 안 되는 위 문단의 글은 인터넷 번역기 알타비스타 바벨피쉬(Altavista's Babelfish)를 이용해 중국어를 영어로 번역한 것이다. 원문이 실린 웹사이트인 타이완 《차이나 포스트(China Post)》지의 영어 페이지에서 해당 부분을 찾아보면 다음과 같다.

《나니아 연대기(The Chronicles of Narnia)》는 《반지의 제왕(The Lord of the Rings)》 3부작의 시적 화면에 전혀 미치지 못하고, 《해리 포터(Harry Potter)》 시리즈에 끝없는 매력을 부여하는 어두운 흐름도 찾아볼 수 없다.

이 사례만 보아도 MT(machine translation)라고 알려진 기계번역이 그러지 않아도 별 진전이 없는 인공지능 분야에서 특히 어려운 영역이란 사실이 잘 드러난다. 단 하나의 고유명사나 재간을 부린 문구가 몇 개만 있어도 소프트웨어가 제대로 작동하지 못한다. 그러나 몇 년 전에 새로운 연구가 시작되면서 기계번역 분야가 활기를 띠고 있다. 관련 연구자들은 한 언어의 단어나 문구가 다른 언어의 단어나 문구와 같을 확률을 측정하는 무차별 대입(brute-force) 알고리즘이 기계번역의 성능을 인간에 근접하게 만들 거라고 기대한다.

체스보다 어려운 기계번역

1997년 IBM사의 슈퍼컴퓨터 딥블루(Deep Blue)가 게리 카스파로프(Gary Kasparov)를 이겼다. 오늘날 하드웨어와 소프트웨어 성능이 비약적으로 향상되면서 컴퓨터가 체스 고수를 이기게 된 것이다. 그러나 기계번역은 50년이 넘도록 별다른 진전이 없고, 일부에서는 개념 자체에 의문을 제시하기도 한다.

1954년 IBM사와 조지타운대학은 60개가 넘는 러시아어 문장의 영어 번역 시범을 보였다. 1954년 1월 8일자 IBM사 보도자료에는 "전자 '두뇌'가 사상 처음으로 러시아어를 영어로 번역했다"라고 자랑스럽게 쓰여 있다. 국방 관련 분야 종사자들과 컴퓨터 과학자들은 보편적 기계번역이 5년 이내에 가능하리라 기대했으나 결국 그런 일은 일어나지 않았다.

미국 정부의 지원을 받는 자동언어 처리 자문위원회(Automatic Language Processing Advisory Committee, ALPAC)의 1966년 보고서에는 인간이 기계보다 "더 빠르게, 더 정확하게, 절반에 불과한 비용으로 번역을 할 수 있다"라고 적혀 있으며 "당장 혹은 가까운 미래에 실용적 기계번역의 가능성을 예상할 수 없다"고 결론을 맺고 있다.

자금 지원이 끊어지자, 이후 몇십 년간 기계번역은 지지부진하게 진전했다.

1960년대 후반 미국 공군이 방대한 양의 러시아어 자료를 번역할 필요를 느끼고, 기계번역기를 개발하는 소규모 회사 시스트란(Systran)을 지원하기 시작했다. 이 글의 첫 문단은 이 회사 제품의 인터넷판을 이용한 것이다.

시스트란은 문법, 의미와 관련된 여섯 가지 기본 규칙을 바탕으로 IBM사가 개발한 '두뇌' 시스템처럼 번역 대상 언어와 목적 언어 사이의 규칙에 기반해 만들어져 있다. 예를 들면 IBM 701에서는 러시아어의 o는 about나 of로 번역된다. *o* 뒤에 ***наука***(*nauka*, 과학)가 있다면 o를 of로 번역하기에 적당한 규칙을 찾는다. 이 경우 science about가 아니라 science of가 되도록 번역하는 것이다.

프랑스 파리에 있는 시스트란은 세계에서 가장 큰 기계번역 회사다. 구글, 야후(Yahoo), AOL 등의 회사를 고객사로 두고 있는데도 이 회사의 연매출은 2004년 기준으로 1,300만 달러에 불과한 수준이다. 모든 번역 관련 분야의 전 세계 시장 규모는 100억 달러로 추산된다. 시스트란의 회장 겸 최고 경영자 디미트리스 사바타카키스(Dimitris Sabatakakis)는 "우리는 작은 회사지만 가장 큰 회사이기도 합니다"라고 말한다.

새 규칙을 만드는 건 멈출 것

규칙에 기반한 시스템을 만들려면 해당 언어와 관련된 언어학 전문가가 문법, 구문을 포함해 엄청난 양의 어휘 관련 규칙을 정리해야 한다. 몇십만 개 단어로 이루어진 말뭉치를 사용하는 상용 시스템에는 몇만 가지 문법 규칙이 담겨 있다.

1980년대 후반 IBM사는 문법이나 구문과 관련된 지식 없이도 프랑스어를 영어로 번역하는 시스템인 캔디드(Candide)를 만들었다. 이 시스템은 이미 번역된 문장이나 두 언어 사이에 직접 대응이 되는 어휘(이후 버전에서는 문구 전체를 사용했다)는 규칙을 적용하지 않았고, 최종적으로는 번역된 영어 단어가 정확한지 아닌지를 베이즈 정리(Bayes's Theorem)에* 근거해서 확률로 계산했다.

*사전 확률을 도출한 뒤 새 정보가 나오면 가장 가능성 있는 것을 적용해 사후 확률을 개선해나가는 방법.

그리고 방대한 양의 영어 어휘와 문장만을 활용해서 번역된 영어가 문법적으로 주변 어휘와 어울리는지 분석했다. 번역 목표 언어(영어)에 가장 높은 확률로 부합하는 어휘나 문구를 활용해서 앞으로 나올 문장을 '해석(decode)'하는 데 이용했으며 전체 문서의 완성에는 단어 여러 개를 연계하기도 했다. 통계적으로 '*pouderie*'가 'blowing snow'인 경우가 많다면,** 원칙적으로는 이것이 적합한 번역으로 간주되었다.

**캐나다에서는 poudrerie가 blowing snow를 뜻하는데, 중간의 r을 빼먹고 pouderie라고 오타가 난 경우를 의미한다. 즉 문맥적으로 오타가 난 것이라고 보는 것이다.

하지만 IBM사는 결국 이 프로젝트를 중단했다. 1990년대 말에는 이 기계가 한 페이지를 번역하는 데 꼬박 하루가 걸렸다. 그런데 이때쯤 상황이 변하기 시작한다. 인터넷이 보급되면서 두 가지 언어로 표시된 문서나 자료가 폭발적으로 증가하기 시작한 것이다. 웹은 엄청난 번역 수요를 불러왔고, 이런 수요는 사람이 직접 번역해서는 도저히 감당할 수 없는 수준이었다.

1999년 미국국립과학재단이 존스홉킨스대학에서 개최한 워크숍은 큰 주목을 받았다. 과학계에 신속히 보급할 소프트웨어 개발 도구를 만들어내는 과제에 관한 것이었다. 2002년, 이를 주도한 인물 가운데 한 사람인 서던캘리포니아대학 케빈 나이트(Kevin Knight)와 다니엘 마쿠(Daniel Marcu)가 유일한 통계적 기계번역 시스템 개발 회사 랭귀지 위버사(Language Weaver)를 설립한다. 이 회사는 아랍어·페르시아어·프랑스어·중국어·스페인어를 영어로 상호 번역하는 시스템을 개발했는데 현재는 5,000개 단어를 1분 남짓한 시간에 번역하는 수준이다.

승리를 거둔 구글

역시 이 워크숍에 관여했으며 서던캘리포니아대학 출신인 프란츠 오크(Franz Och)가 구글에 입사했다. 2005년 여름, 오크 주도로 개발 중이던 구글의 시스템은 IBM사 등의 경쟁자들이 만들어낸 제품보다 모든 면에서 뛰어났고 미국표준기술연구소가 주최한 100건의 아랍어와 중국어 뉴스 기사를 영어로 번역하는 대회에서 우승을 차지한다. 오크에 따르면 책 100만 권 분량의 문장을 기계번역 소프트웨어에 사용할 수 있었기에 비약적 성능 향상이 가능했다고 한다. 그는 현재 구글의 중국어-영어 기계번역 시스템 시스트란과 자신의 팀이 개발하는 통계적 시스템의 성능을 다음과 같이 비교했다.

구글 시스트란 "의사가, 밝은 핵이 약 한달간의 회복을 준비하고 있다고 밝힌다."

구글 리서치 "의사는 아키히토*가 한달가량 휴식을 취할 예정이라고 말했다."

*일본 천황.

통계적 기계번역이 각광을 받자 시스트란은 곤란한 처지가 됐다. 사바타카키스는 "외국어를 배우려면 규칙을 알아야 합니다"라고 이야기한다. "언어를 통계적 방법으로 배우지는 않죠." 시스트란도 통계적 기법을 이용하지만 특허 문서 번역처럼 아주 특정한 상황에 한정되어 있다. 그는 통계적 기계번역 기술이 각광을 받는 이유가 마케팅 때문이라고 본다. 시스트란에는 아직도 50명의 연구 개발 인력이 있고, 이 중에는 언어학자도 있다. "구글 방식의 기술적 특징 덕분에 중국어 번역 시스템을 개발할 때도 중국어를 할 줄 아는 사람이 필요 없다는 것이 구글의 주장입니다. 이것이 시스트란과 구글의 커다란 차이입니다." 사바타카키스가 말을 이었다. "중국어를 구사하는 사람이 없었다면 우리 시스템은 엉망이 되었을 겁니다."

통계적 기계번역 기술을 연구하는 쪽에서도 문장의 구문 구조를 고려하기 시작했기 때문에 두 진영의 차이는 점차 모호해지고 있다. 새 방법에는 언어에 능통한 사람이 필요하지 않다. 구문론적 모형을 이용하면 형용사와 명사로 이루어진 영어 문구가 프랑스어로 번역될 때 어순이 바뀐다는 사실을 알 수 있다. 랭귀지 위버사의 나이트는, 개별 단어가 아니라 구문을 이용함으로써 통계로 구문을 다루는 것이 가능하게 되었고 그 결과 자신의 성(姓)이 '*Caballero*'로* 잘못 번역되지 않는다는 것을 예로 들었다.

*기사(Knight)를 뜻하는 스페인어.

마이크로소프트 리서치에는 자연어를 연구하는 부서가 있는데 이곳에서는 지난 6년간 기계번역에 관한 연구도 진행했다. 처음에는 규칙에 기반한 시스템을 연구했으나 연구는 점차 통계적 기법의 활용 쪽으로 바뀌고 있다. 최근 마이크로소프트사는 자사 웹사이트의 고객 지원 정보를 러시아어, 아랍어, 중국어를 포함한 12개 언어로 번역하면서 통계적 기법을 이용했다. 기계로 번역된 문장을 추후에 따로 손보지도 않았다. "좀 어색한 부분이 있다는 건 분명합니다. 하지만 괜찮은 부분도 많지요." 자연어 처리팀 수석 연구원 스티브 리처드슨(Steve Richardson)의 말이다. "통계적 처리 방법의 번역 품질이 규칙 기반 시스템과 동등해지거나 이를 추월하고 있습니다."

기계번역이라는 약속

하지만 과연 기계번역 시스템이 딥블루가 그랬던 것처럼 인간을 넘어설 수 있을지는 여전히 불분명하다. 기계가 번역할 내용이 다른 언어로의 의미 전달 이상이 되는 것은 과연 가능할까? 미국번역가협회(American Translators Association) 대변인 케빈 핸드젤(Kevin Hendzel)은 완전 자동 고품질 번역(fully automatic high-quality translation, FAHQT) 같은 기계번역에 대한 낙관적 기대는 그저 몇십 년간 과대 포장된 주장을 퍼뜨리는 데 불과하다고 말한다. 그에 따르면 의미만 전달하는 수준의 번역은, 번역의 질이 떨어진다는 점을 감안하고 방대한 양의 외국어 문서를 살펴보는 데나 쓰일 법한 수준에 불과하다. 번역이 대충 이루어지면 위험도 따른다. 그는 아랍어-영어 번역 시스템 가운데 하나가 어떤 문장을 양측이 서로를 공격하는 내용으로 번역하는 바람에 안보 관련 기관의 주의를 끌게 된 사례를 언급하기도 했다. 문제가 된 원문은 축구 경기에 대한 것이었을 뿐 테러나 군사적 충돌과는 아무런 관련도 없었다.

스탠퍼드대학에 있는 언어정보센터(Center for the Study of Language and Information) 소장 키스 데블린(Keith Devlin)은 기계번역 시스템이 결코 인간 수준에 도달하지 못하리라 보고 있다. "고성능 프로세서, 대용량 초고속 메모리와 결합된 통계적 기법을 이용하면 다양한 상황에서 그럭저럭 쓸 만한 번역이 가능해지기는 할 겁니다." 그러고는 이렇게 덧붙였다. "하지만 내가 보기엔 전문적 번역가가 해내는 유창한 수준의 번역은 불가능해요."

통계적 번역 기법의 선구자 나이트는 지난 10년간의 진보를 예로 들며 이런 의견을 반박했다. 그는 기술에는 한계가 없으며, 결국에는 인간과 동일한 수준의 번역이 가능하리라 예측한다, 단 시(時)는 예외다. 그는 인간이 한 번역과 기계가 한 번역을 나란히 청중에게 보여주며 둘을 구분해보라고 한 적도 있는데, 사람들은 둘을 잘 구분하지 못했다. 그는 주장한다. "싫어도 인정할 수밖에 없습니다. 사람이 하는 번역에도 아주 오류가 많거든요. 기계번역은 생각처럼 불가능한 것이 아닙니다." 지금의 번역기가 여전히 과대 홍보되는 물건이 아니라는 것을 보이려면 이 분야에 몸담고 있는 사람들이 실제로

5-1

완전 자동 고품질 번역이 가능하다는 것을 보여주어야만 한다. 그제야 사람들은 비로소 인정할 것이다. 마이크로소프트사 리처드슨이 표현했듯이 기술이 "기계번역이라는 약속"을 지켰다고…….

5-2 컴퓨터 체스 그랜드마스터

쉬펑슝·토머스 아난다라만·머리 캠벨·안드레아스 노와치크

1988년 1월, 파리에서 있었던 기자회견에서 세계 체스 챔피언 게리 카스파로프는 2000년까지 컴퓨터가 그랜드마스터(Grandmaster)를* 이길 수 있다고 생각하느냐는 질문을 받았다. "말도 안 됩니다." 카스파로프는 "컴퓨터와의 대결에 힘들어하는 어떤 그랜드마스터라도 도와줄 용의가 있습니다"라고 덧붙였다.

* 세계체스연맹(FIDE)에서 최고 수준의 체스 선수에게 수여하는 칭호. 바둑의 단처럼 한번 받으면 평생 갖게 된다.

이 발언이 있고 나서 10개월 후, 캘리포니아 롱비치에서 열린 대회에서 세계 선수권 도전자였던 그랜드마스터 벤트 라르센(Bent Larsen)은 우리가 카네기멜론대학 졸업 과제로 만든 체스 기계와의 대결에 패하고 말았다. '깊은생각(Deep Thought)'이라는 이름의** 이 기계는 특별하게 만든 하드웨어와 소프트웨어 조합으로 되어 있었는데 다른 경기에서 5승 1무 1패의 성적을 거두어 그랜드마스터 앤서니 마일스(Anthony Miles)와 함께 공동 1위에 올랐다. 기계는 상금을 받을 수 없었으므로 마일스가 우승 상금 1만 달러를 획득했다. (깊은생각은 1년 뒤 벌어진 재대결에서 마일스를 꺾었다.)

** 소설 《은하수를 여행하는 히치하이커를 위한 안내서(The Hitchhiker's Guide to the Galaxy)》에 나오는 컴퓨터의 이름에서 따왔다.

1990년 여름, 깊은생각의 초기 멤버 세 명이 IBM사에 입사했다. 깊은생각

은 그랜드마스터와 맞붙은 열 경기에서 50퍼센트, 인터내셔널 마스터(international master)와* 가진 열네 경기에서 86퍼센트의 성적을** 각각 기록했다. 이 경기들 중 일부와 그 밖의 경기 10여 건은 미국체스연맹(U.S. Chess Federation)이 개최했으며 그 결과 깊은생각은 2,552점을 획득했다. 이 점수면 그랜드마스터 중 하위 50퍼센트에 속한다. 대회 참가자들의 평균 점수는 1,500점 부근이었다. 컴퓨터가 1초당 75만 번의 수를 계산하는 수준에 도달한 1988년 8월 이후 경기에서는 2,600점이 넘었다.

*세계체스연맹에서 체스 선수에게 수여하는 칭호. 그랜드마스터 바로 아래 등급이다.

**순위를 퍼센트로 환산한 것. 1위가 100퍼센트, 전체 참가자 중 등수가 중간이면 50퍼센트다.

1992년에 첫 경기를 가질 예정인 차세대 기계의 하드웨어는 훨씬 강력할 것이다. 분석 속도가 1,000배 이상 빨라져서 초당 10조 회에 이른다. 이런 변화만으로도 깊은생각의 후예는 카스파로프뿐 아니라 어느 누구라도 이길 수 있는 최초의 기계가 되기에 충분한 수준이다.

그런데 대체 왜 체스게임을 하는 컴퓨터를 만들려는 걸까? 첫째, 체스는 괴테가 "지성인의 시금석"이라고 표현했듯이 서구에서 오랫동안 지적 능력을 반영하는 독보적 게임으로 생각되어왔다. 많은 사람들이 컴퓨터가 체스를 할 수 있다면 생각의 원리를 밝혀낼 수 있으리라 주장했는데 반대로 체스와 사고(思考)는 관련이 없다는 주장도 많다. 결과가 무엇이든 체스 기계는 지성(知性)이라 불리는 개념을 바꿔놓을 것이다.

이에 더해서, 컴퓨터 체스는 공학적으로도 흥미로운 대상이다. 정보이론의 창시자 클로드 섀넌(Claude E. Shannon)은 이미 40년 전에 《사이언티픽 아메리칸》에서 다음과 같이 언급한 바 있다.

> 체스게임을 살펴보는 이유는 더욱 실질적으로 응용 가능한 기술을 찾아내려는 데 있다. 체스 기계는 여러 가지 이유에서 이런 목적에 매우 적합하다. 체스 말의 움직임은 규칙이 정해져 있고, 왕을 잡는다는 체스의 목적도 분명하므로 체스는 명확하게 정의된 문제다. 너무 단순하지도 않고 지나치게 어렵지도 않다. 게다가 체스 기계는 인간과 대결할 수도 있으므로 이런 종류의 추론 능력을 인간과 비교해보기도 쉽다.

체스 프로그램의 실질적 결과는 아마도 컴퓨터를 이용한 분석 방법의 성능에 따라 달라질 것이다. 관련 기술을 성공적으로 활용하면 네트워크 설계, 화합물 분석, 심지어 언어분석에도 유용하게 사용할 수 있다.

체스 기계를 만들려는 시도는 1760년대 볼프강 폰 켐펠렌(Wolfgang von Kempelen) 남작으로까지* 거슬러 올라간다. 그가 만든 더 투르크(The Turk)라는 이름의 기계에서는 터번을 쓴 투르크인 모양의 인형이 복잡한 기계 장치에 의해 체스를 두게 되어 있었다.** 기계의 성능은 상당히 좋았고, 나폴레옹 보나파르트는 열아홉 수 만에 이 기계에 패하고는 분통을 터뜨리기도 했다. 에드거 앨런

*헝가리인으로 형이 남작이었기 때문에 남작으로 잘못 불리는 경우가 있다.

**겉보기엔 인형이 두는 것이었고, 속에 사람이 숨어 있었다.

포(Edgar Allan Poe)는 이 기계 속에 숨은 사람이 체스를 두는 것이 아닐까 의심을 품기도 했다. 그가 의심한 이유는 따로 있었다. 가끔 기계가 패배하는 것을 보면서 기계로서 완벽하지 못하다고 생각했기 때문이다.

영국의 수학자, 컴퓨터 과학자, 암호학자였던 앨런 튜링도 체스 기계를 구상했던 인물 가운데 하나다. 그러나 말을 움직이고 수를 생각하는 방법을 프로그램을 통해서 구현하려 했다는 점에서 이전 사람들과는 달랐다. 독일의 콘라드 추제(Konrad Zuse)를 비롯한 몇몇도 비슷한 시도를 했지만 결정적인 성과는 섀넌이 이루어냈다. 그는 존 폰 노이만(John von Neumann)과 오스카어 모르겐슈테른(Oskar Morgenstern)의 게임 이론에 근거해서 최선의 수를 계산하는 소위 미니맥스(minimax) 알고리즘을 개발했다.

이 알고리즘은 기본적으로 말이 움직일 수 있는 모든 경우에 점수를 매기고, 가장 점수가 높은 경우를 선택한다. 일단 컴퓨터가 가능한 모든 경우를 찾아낸 뒤, 각각에 대해서 상대방 말이 움직일 수 있는 모든 경우를 알아내는 식이다. 각각의 단계를 체스 용어로 '하프 무브(half move)', 컴퓨터과학 용어로는 '플라이(ply)'라고 부른다.

'분기형 나무(branching tree)' 분석 방법을 쓰면 각 플라이마다 가능한 수가 이전 플라이의 대략 38배가 되고(일반적으로 체스 말이 움직일 수 있는 경우의 수), '알파-베타 가지치기(alpha-beta pruning)' 기법을 쓰면 가능한 수는 여섯 배씩 늘어난다. 대부분의 수는 가지 바깥쪽에 위치하고, 가지는 여기서부터 늘어나기 시작해 게임이 끝나거나 컴퓨터가 할당한 시간이 모두 지날 때까지 계속 늘어난다. 그러면 평가 함수가 각각의 마지막 포지션에 대한 값을 계산하고, 확실하게 이기는 수는 1, 확실하게 지는 수는 -1, 비기는 수는 0의 값으로 매긴다. 더욱 섬세하게 점수를 매길 수도 있는데 그럴 경우 각 경우의 평가 함수 값을 상대적으로 조절하게 된다. 컴퓨터는 말의 힘 평가치(material value)와* 포지션에 따른 평가치(positional value)를 각각의 상황과 다양한 조건을 고려해서 계산하기도 한다.

*말의 힘을 종류에 따라 숫자로 나타낸 값.

컴퓨터의 실력은 탐색 능력이나 상황 판단 능력에 따라 결정된다. 컴퓨터가 모든 수를 완벽히 계산해서 승패가 나는 수를 파악한다면 완벽한 프로그램이 될 것이다. 이런 컴퓨터가 실제로 존재한다면 첫수를 두자마자 "백이 137수 뒤에 이긴다"라고 선언하거나 곧바로 패배를 인정함으로써 관중을 놀라게 할 것이다. 그러나 이런 분석은 틱-택-토처럼 단순한 게임에서는 가능할지 몰라도 10^{120}가지 경우의 게임이 가능한 체스에서는 불가능하다. 1920년대 체스계를 휩쓸었던 리처드 레티(Richard Reti)가 남보다 단 한 수만 더 내다보면 최고가 될 수 있다고 익살스럽게 말했던 것처럼, 단 한 플라이만 잘 분석해도 마찬가지 결과를 얻을 수 있다.

초기의 체스 프로그램 개발자들의 머릿속에 이런 허세가 들어 있지는 않았고, 그들은 1958년이 될 때까지도 프로그램이 체스 규칙에 따라 움직이게 만드는 것조차 하지 못했다. 이로부터 8년 뒤, 매사추세츠공과대학 리처드 그린블랫(Richard D. Greenblatt)이 만든 맥핵-6(MacHack-6) 프로그램이 비로소 평규적 체스 선수의 수준에 도달했다.

체스 프로그램을 개발하는 사람이 늘어나면서 접근 방법이 두 가지로 나뉘기 시작한다. 이들을 각각 모방파(emulation)와 공학파(engineering)로 부르자. 모방파는 체스 컴퓨터가 인간처럼 말의 움직임을 구체적 추론에 의해서 결정해야 한다고 주장했다. 반면에 공학파는 기계가 반드시 인간과 같은 원리로 움직일 필요는 없다고 생각했다. 컴퓨터 체스가 이론 단계에 머물러 있던 초기에는 모방파가 주를 이루었다

1970년대가 되어 가능한 수를 탐색해서 결과를 평가하는 방법이 가능해지자 공학파가 주류로 떠올랐다. 한 플라이가 더해지면 컴퓨터게임 능력에 약 200개의 평가 항목이 더해졌다. 프로그래머들은 더 빠른 컴퓨터를 찾기 시작했고 사용 가능한 처리 능력으로 더 상세하게 수를 검토할 수 있는 공학적 방법을 찾기 시작했다

탐색만으로는 문제의 절반밖에 풀지 않은 셈이다. 체스 프로그램을 만들기 시작할 때, 탐색 기능은 실질적으로 별다른 고려 없이 말의 위치를 만들어낸다. 그 때문에 결국, 결과는 같으면서 순서만 다른 말의 움직임도 서로 다른 경우로 인식한다. 이런 불필요한 중복 계산은 해쉬 표(hash table)라고 불리는 방법을 이용해서 제거할 수 있다. 해쉬 표를 알파-베타 알고리즘에 이용하면 게임 진행과 무관한 많은 수를 배제할 수 있다.

무수히 뻗어나가는 탐색 가지를 어디서 멈춰야 하는가, 이는 탐색에서 가장 문제가 된다. 모든 가지를 무한히 탐색할 수는 없지만, 동시에 불확실한 상

황에서 탐색을 멈추는 것도 바람직하지 않다. 이런 상황은 말을 바꾸는 상태에서 분석이 중단되면 일어난다. 예를 들면 컴퓨터가 모든 줄에서 8플라이 앞까지 탐색하고 여덟 번째 플라이에서 폰(pawn)으로* 나이트(knight)를** 잡아서 경기에 이길 것이라는 사실을 알아냈다고 해보자. 바로 다음 수에 상대방이 나이트를 회복하고 폰도 남길 수 있다고 해도, 컴퓨터는 집요하게 허상을 찾아 수를 두게 된다.

* 체스에 사용되는 말 가운데 하나로 장기의 졸에 해당하며, 장기에서처럼 가장 약한 말이다.
** 기병을 나타내는, 말의 머리 형태로 된 체스 기물의 하나.

이른바 지평선 효과(horizon effect)라 불리는 이러한 현상 때문에 컴퓨터는 사람이라면 초보자도 하지 않을, 패배를 자초하는 실수를 저지른다. 이를 지켜보는 사람은 컴퓨터가 갑자기 아무 이유 없이 말을 내던지고 판을 망치기 시작하는 것이 무슨 영문인지 알지 못한다. 이런 오류를 줄이려는 목적으로 거의 모든 체스 프로그램은 정지 탐색(quiescence search) 단계를 추가하고 있다. 이 방법은 폰을 비롯한 말을 잡아서 정적(靜的) 분석이 가능한 포지션에 이르는 경우만 탐색한다.

1970~1980년대 초반에는 모든 가능한 방법을 미리 계산하는 무차별 대입이라 불리는 방식이 유행했다. 당시 가장 강력한 프로그램은 노스웨스턴대학에서 만든 체스 4.0(Chess 4.0)과 후속 버전들이었다. 이 프로그램들은 지속적으로 개량되면서 1979년에는 전문가 수준(2,000점)에 도달했다.

체스 기계를 만들려는 다양한 시도가 1970년대에 이루어졌다. 이 중 가장 유명한 것은 AT&T벨연구소(AT&T Bell Laboratories)의 벨(Belle)로 1983년 2,200점을 획득해 내셔널 마스터의 수준을 넘었다. 무차별 대입 방식의 정점을 찍은 것은 크레이 슈퍼컴퓨터에서 동작하는 크레이 블리츠(Cray Blitz)와 64개의 프로세서를 이용하는 하이테크(Hitech)로 여기에는 체스판의 모든 칸마다 담당 프로세서가 하나씩 있었다. 하이테크는 1985년 북미 컴퓨터 체스 대회에서 우승했고 크레이 블리츠는 1985년 세계 컴퓨터 체스 대회에서 연장전 끝에 하이테크를 누르고 정상에 올랐다. 크레이 블리츠와 하이테크는 각각 1초에 10만 개와 12만 개의 포지션을 계산할 수 있었다.

깊은생각의 역사는 약간 특이하다. 우선 특별한 지원도, 지도 교수의 참여도 없는 상태에서 대학원생들이 이 기계를 개발했다. (카네기멜론대학에서 컴퓨터 체스에 관한 연구를 하던 교수들은 이 학생들과 아무 관련이 없다.) 둘째, 학생들의 전공이 각양각색이었기에 다양한 접근 방법을 쓸 수 있었다.

1985년 우리 팀의 쉬펑슝은 DARPA에서 학교에 제공하는 초고밀도 집적회로(Very Large Scale Integration, 이하 VLSI)를 이용하면 반도체 칩 하나로 체스 말 움직임 계산기를 만들 수 있다고 생각했다. 쉬펑슝은 벨에 사용된 말 움직임 계산기를 조금 개량해서 VLSI에 적합한 형태로 다듬었다. 또한 DARPA가 지원한 모시스사(MOSIS)의 반도체 제조 장비가 그다지 뛰어나지 않은데도 3만 5,925개의 트랜지스터가 들어 있는 칩의 특성을 잘 활용하도록 칩도 직접 설계했다. 칩의 설계, 컴퓨터 모의실험, 배선에 6개월을 쓴 쉬펑슝은 그러고 나서도 첫 번째 칩을 만들기까지 4개월을 더 기다려야 했다. 이 칩을 과학용 워크스테이션에 연결해서 시험한 결과 64개의 칩을 쓴 하이테크보다 열 배나 빠른 속도로 1초에 200만 번의 수를 계산할 수 있었다.

이때쯤 음성인식 연구를 하던 컴퓨터과학 전공 대학원생 토머스 아난다라만(Thomas Anantharaman)이 합류했다. 아난다라만은 소프트웨어로 수를 계산하는 장난감 체스 프로그램을 만든 경험이 있었다. 여기에 쉬펑슝이 만든 컴퓨터를 적용하자 아난다라만은 프로그램의 성능을 다섯 배나 높은 수준인 1초에 5만 번으로 향상시킬 수 있었다.

더 해보겠다고 생각한 쉬펑슝과 아난다라만은 1986년 북미 컴퓨터 체스 선수권 대회에 재미 삼아 참가해보기로 했다. 대회까지 7주밖에 남지 않았을 때였다. 컴퓨터과학과 대학원생 머리 캠벨(Murray Campbell)과 안드레아스 노와치크(Andreas Nowatzyk)가 추가로 참여했다. 각 수의 타당성을 측정하는 평가 함수를 개선할 필요가 있었는데 체스 선수로 활동한 경력이 있던 캠벨이 이 일을 맡았다. 촉박한 시간을 감안하면 더 어려운 과제는 쉬펑슝이 만든 컴퓨터를 결합해서 탐색기로 사용하게 만드는 것이었다. 그렇게 하면 워크스테이션을 연결해 말의 움직임을 만들어내는 것보다 훨씬 더 빨라질 수 있었다.

쉬펑슝은 시간 내 목표 달성을 위한 과감한 방법을 선택했다. 프로그램이 체스의 두 가지 기본적 측면을 무시하도록 만든 것이다. 킹(king)과* 룩(rook)의** 캐슬링(castling),*** 배치 반복(repetition of position)

*체스 말 가운데 하나.
**체스 말 가운데 하나.
***킹과 룩이 동시에 움직이는 것.

이* 그것이다. 이로 인한 단점을 상쇄하기 위해, 호스트 컴퓨터에서 계산되는 초기 플라이를 더 넓혀서 캐슬링과 배치 반복을 고려할 수 있게 하는 혼합 탐색 전략을 사용했다. 대부분의 수를 담당하는 후반부의 플라이는 호스트 컴퓨터가 아닌 엔진이 분석했다.

*같은 형태의 말 배치가 반복해서 나타나는 것, 이를 이용하면 비길 수 있다.

자금이 없었던 우리는 첫 체스 기계 칩테스트(ChipTest)를 여기저기 다른 프로젝트에서 부품을 가져다 만들었다. 부품 가격은 다 합해도 500달러가 넘지 않았고, DARPA가 지원해준 칩 가격을 포함해도 1,000달러가 되지 않았다. 소프트웨어와 엔진 모두 대회에 나가기엔 충분히 점검된 상태가 아니었고 성적은 그저 그랬다. 그래도 7주 만에 만들어낸 결과치고는 나쁘지 않았다.

첫 번째 참가에서 배운 것들이 많았는데 일례로 쉬펑슝은 다음과 같은 사실을 발견할 수 있었다. 각각의 프로그램은 서로의 움직임에 따라서 정해진 수밖에 놓을 수 없도록 보조를 맞추어 동작하는 가운데 어느 쪽도 다음 수를 예측할 수 없는 상황에 놓인다. 이는 달리 말하면 더 좋은 상황을 만들어낸 프로그램은 단지 운이 좋았을 뿐이란 뜻이다. 쉬펑슝은 특이 확장(singular extension)이라는 알고리즘을 개발해 이런 문제점을 해결했다. 이 알고리즘은 컴퓨터가 보기에 답이 하나만 남을 때까지 탐색 수준을 더 높여간다. 목적은 말의 위치가 중요한 상황에 특별히 주의를 기울이는 데 있다.

한쪽이 승리에 가까워지면, 탐색을 깊게 할수록 보통 수비하는 쪽의 비숍(bishop)이** 택할 수

**체스 말 가운데 하나.

있는 수가 점점 줄어든다. 게임이 끝날 때쯤이면 가능한 수는 한 가지밖에 남지 않는다. 특이 확장은 곧장 이 수를 찾아가는 것이다. 이 알고리즘으로 열아홉 수 만에 승리를 거두어 상대방을 놀라게 한 적도 있다.

칩테스트의 호스트 컴퓨터용 프로그램을 만들었을 뿐만 아니라 이를 이해하는 유일한 사람인 아난다라만은 특이 확장 알고리즘을 프로그램으로 만들었다. 그동안 쉬펑슝은 하드웨어 내부를 제어하는 마이크로코드(microcode)를* 완성했다. 1초에 40만 가지에서 50만 가지 수를 탐색하는 칩테스트는 1987년 북미 컴퓨터 체스 선수권 대회에서 세계 챔피언 크레이 블리츠를 물리치는 등 전승을 거두며 우승했다. 이로써 무차별 대입의 시대는 끝이 났다. 오늘날 최고 수준의 프로그램에는 선택적 탐색 기법 요소가 어느 정도는 다 들어 있다.

*중앙처리장치나 제어장치의 내부에 있으면서 해당 장치를 작동시키는 프로그램으로 외부 메모리를 참조하지 않는다.

우리 팀의 노력을 통해 칩테스트의 하드웨어 속도 향상과 지능적 탐색 수행이 가능하다는 것도 분명해졌다. 쉬펑슝의 지도교수 쿵(H. T. Kung, 孔祥重)은 새로운 과제인 깊은생각 프로젝트에 쓰도록 5,000달러 정도 초기 자금을 마련해주었다.

깊은생각의 기본 버전에는 프로세서 2개를 포함해서 250개의 칩이 잡지 반 페이지 크기의 기판(基板) 한 장에 들어 있었다. 보통 호스트 소프트웨어(host software)라고 부르는 워크스테이션에서 수행되는 프로그램이 엔진을 관리했다. 프로세서는 칩테스트에 쓰였던 것보다 빠르지 않았지만, 탐색 알고리즘 개선으로 30퍼센트의 효율 향상을 가져왔다.

시험용으로 만든 하드웨어는 네 부분으로 이루어져 있었다. 말의 위치를 평가하는 부분이 말들의 중심 위치, 이동성 등을 고려해 점수를 매겼다. 폰 배치 평가 부분은 폰들끼리의 상호 지원, 판 중앙부에 대한 장악, 킹 보호 등의 항목에 근거해서 점수를 매긴다. 통과한 폰을 평가하는 부분은 상대방에 막히지 않고 여덟 번째 줄까지 전진해서 퀸(queen)으로 승격한 폰들을 관리한다. 파일(file) 구조* 평가 부분이 폰과 룩이 특정 파일에서 복잡한 배치를 이룰 때의 점수를 매긴다.

*체스판의 세로줄을 파일이라고 한다.

우리는 평가 함수의 120개가 넘는 매개변수를 미세 조정하는 방법을 고안하기도 했다. 전통적으로는 프로그래머들이 손으로 위치에 따라 말에 주어지는 가중치를 조절했다. 주요 체스 프로그램 가운데 자동적으로 가중치를 조절하는 프로그램은 이것밖에 없을 것이다.

우리는 900개에 이르는 마스터들의 경기 기보를** 입수했고, 기계의 판단과 실제 마스터들이 둔 수가 일치하도록 최적 가중치를 임의로 정했다. 캠벨과 노와치크는 이 새로운 전략을 반영해 완전히 새로운 평가 함수 소프트웨어를 만들었다. 각 포지션에 단순히 숫자를 지정하는 대신에 평가 함수는 선형 항이 포함된 문자열을 만들어냈다. 다시 말하면, 벡터(vector)를 만든 것이다.

**바둑이나 장기를 둔 내용을 기록한 것으로 여기서는 체스를 둔 기록을 말한다.

미세 조정에 사용된 방법은 두 가지다. 첫째는 언덕 오르기(hill climbing)로, 주어진 매개변수에 임의의 값을 준 다음, 게임 데이터베이스에 있는 모든 포지션에서 5플라이, 6플라이를 탐색해 기계가 선택할 수를 찾는다. 그런 후 매개변수를 조절하고 다시 계산을 수행한다. 컴퓨터와 그랜드마스터의 선택이 일치하는 회수가 증가하면 매개변수는 같은 방향으로 재조정된다. 모든 매개변수가 최고의 성능에 이를 때까지 이 과정을 계속한다. 이런 식으로 모든 매개변수의 값을 최적화하려면 1년이 걸릴 수도 있어서 몇몇 어려운 경우에만 이 방법을 이용했다.

두 번째 방법은 노와치크가 제안하고 만든 것으로 첫 번째 방법보다 훨씬 빠르다. 이 방법은 "기계의 포지션 평가 함수와 실제 값으로 추정되는 값을 가장 가깝게 만들면 된다"는 간단한 아이디어에 기반한다. 모형과 실제 값의 차이의 제곱을 모두 더한다. 이렇게 해서 나온 값의 제곱근의 평균을 구한다. 그 중 가장 낮은 것을 찾으면 최적 값이 된다. 실제 값은 (이미 알려진 개념의 매개변수가 미세 조정되어 있다면) 상세 탐색 결과나, 기계와 최고 수준 선수들의 선택을 비교해서 얻은 값의 근사치를 이용한다.

예제로 사용된 경기에서 각 포지션의 상대적 가치를 알아낼 힌트를 얻었다. 그랜드마스터가 말을 움직인 후에 나타나는 어떤 포지션도 다른 방식의 수로 얻은 포지션보다 좋은 것일 가능성이 높았다. 포지션의 가치를 매개변수에 의존해서 계산해내는 대신, 노와치크는 그랜드마스터가 선택한 포지션과 그렇지 않은 포지션에 차이가 있다는 가정을 바탕으로 매개변수를 계산해냈다. 이 알고리즘의 계산은 단 며칠이면 되고, 언덕 오르기 알고리즘과는 달리 매개변수를 한 번에 하나씩 수정하는 것이 아니라 동시에 모든 매개변수의 값을 바꾼다.

자동적으로 미세 조정된 평가 함수는 하이테크나 크레이 블리츠처럼 학술적 기반에서 만들어진 유명 프로그램의 수동 조정 평가 함수보다 성능이 뛰어나진 않았지만 그렇다고 뒤치지는 수준도 아니었다. 하지만 우리가 만든 깊은생각이라는 기계와, 몇 년에 걸쳐 인력이 투입된 최고 수준의 상업용 체스 프로그램은 평가 함수에 성능 차이가 있기는 했다. 깊은생각도 자동 미세 조정에 대해 수집한 평가를 바탕으로 머지않아 이들과 동등한 수준에 이를 것이다.

우리가 만든 기계는 보기에 따라서는 체스에 대해서 별 지식이 없는데도 실력이 뛰어난 선수보다 체스를 잘 두는 것 같기도 하다. 하지만 컴퓨터는 인간이 생각하는 방식을 그대로 흉내 내는 것이 아님을 명심할 필요가 있다. 결과는 같아도 과정은 다르다. 깊은생각은 더 멀리 내다보지만 눈치채는 것은 거의 없고, 모든 것을 기억하지만 배우는 것은 하나도 없으며, 터무니없는 실수를 하지도 않고 평소 실력보다 갑작스레 잘 두는 법도 없다. 그런데도 가끔은 정상급 그랜드마스터도 간과하는 직관적 수를 만들어내기도 한다.

아마도 이처럼 기계만이 가진 직관 때문에 그랜드마스터 케빈 스프래게트(Kevin Spraggett)는 그랜드마스터 아르투르 유수포프(Artur Yusupov)와의 세계 선수권 대회 8강전을 앞두고 이 기계를 조수로 사용하기로 했는지도 모른다. 실제 경기에서 기계의 역할이 뚜렷이 드러나지는 않았지만, 흥미로운 선례를 남긴 것만은 분명하다.

1989년 10월, 실험적으로 6개의 프로세서를 장착한 깊은생각을 만들어 뉴욕에서 카스파로프와 두 차례 시범 대국을 가졌다. 새 기계는 1초에 200만 포지션 이상을 탐색할 수 있었지만 카스파로프는 손쉽게 기계에 승리를 거뒀다. 예상치 못한 결과는 아니었지만, 깊은생각의 경기 내용은 실망스러웠다.

1990년 2월, 깊은생각과 전(前) 세계 챔피언이자 1990년 선수권 결정전(10월에 뉴욕에서 시작되어 프랑스 리옹에서 끝남)에서 카스파로프의 도전자였던 아나톨리 카르포프(Anatoly Karpov)의 시범 경기가 열렸다. 프로세서 4개짜리와 6개짜리 버전에서는 결함이 발견되어 다시 프로세서 2개만 장착한 기계를 사용했다. 평가 함수에서 여러모로 개량을 거친 깊은생각은 첫 50수까지는 최고의 경기를 펼쳤으나 비길 수 있는 좋은 기회를 놓쳤다. 프로세서 6개짜리 기계가 안정화된다면 충분한 속도를 활용할 수 있을 테고 이런 경우를 피할 수 있을 것이다.

현재 IBM사의 토머스왓슨연구센터(Thomas J. Watson Research Center)에서 진행되고 있는 차세대 기계* 개발에서도 속도가 핵심이 된다. 이 기계는 이전 세대 기계에 비하면 1,000배 이상 빠를 것이다. 아마도 초당 10억 개의 포지션을 검토하고, 대부분의 경우 14수나 15수 앞까지 계산할 수 있으며, 마지막 단계에서는 30수에서 60수 앞까지도 계산이 가능할 것이다. 처리 속도와 경기력의 관

*딥블루를 뜻한다.

계가 이전 경험과 마찬가지로 나타난다면 차세대 기계는 3,400점 수준에 이르러 깊은생각보다 800점이나 높고, 카스파로프보다는 500점 정도 높을 것으로 예상된다.

이런 속도를 얻어내기 위해서 쉬펑슝은 현재의 깊은생각보다 세 배 이상 많은 초당 300만 번의 수를 계산할 수 있는 체스 전용 프로세서 칩을 설계했다. 또한 이런 칩 1,000개를 연결하는 고도의 병렬 컴퓨터 구조를 이용해 300배 이상의 성능을 내는 방법도 설계 중이다. 아난다라만과 캠벨은 깊은생각의 현재 버전에서 다양한 부분을 개선 중인데, 이런 개선점들은 다음 제품에도 반영될 것이다. 노와치크는 다른 분야에서 일하고 있다.

우리는 이 시스템이 속도만으로도 세계 챔피언에게 도전할 만한 충분히 강력한 실력을 갖고 있다고 믿는다. 또한 여러 가지를 개선함으로써 아마도 1992년이 되기 전에 승리를 거둘 수 있으리라 본다.

카스파로프는 의견이 다른데 그 의견 또한 존중한다. 그와 사적으로 가진 대화에서 그는 1초에 10억 포지션을 탐색하는 기계는 일반적 그랜드마스터를 이길 수 있음을 인정했다. "하지만 나 카스파로프는 아닙니다!"라고 덧붙였다. 카스파로프는 최고의 선수라면 기계의 약점을 파고들 수 있어야 한다고 주장했다. 인간의 창의력과 상상력, 특히 자신의 창의력과 상상력은 실리콘과 전깃줄로 이루어진 기계를 분명히 이길 거라고 주장했다.

체스판을 앞에 두고 두 의견이 부딪히면 특출한 능력을 가진 천재는 수학자, 컴퓨터 과학자, 공학기술자 들의 몇 세대에 걸친 노력 앞에 무릎 꿇게 될 것이다.* 그런 결과는 기계의 생각하는 능력을 보여주는 것이 아니라, 많은 사람의 협력에 의한 노력의 결과가 최고의 개인을 넘어선다는 것을 보여주리라 믿는다.

*카스파로프는 1996년, 3승 2무 1패로 딥블루에 승리했으나 1997년 뉴욕에서 열린 2차 대결에서는 1승 3무 2패로 딥블루에 패배했다. 특히 마지막 경기에서는 19수 만에 패배함으로써 충격을 안겨주었다.

5-3 미래를 예측하는 기계

데이비드 바인베르거

2010년 여름에서 가을, 그리스 재정 위기가 전 세계를 강타했다. 도저히 갚을 수 없는 엄청난 빚을 끌어다 쓴 그리스는 여러 가지 위험에 노출된 상태였다. 정부 지출을 줄이려는 노력은 아테네 거리에 대규모 항의 시위를 불러왔고, 전 세계 금융시장은 그리스가 지급불능 상태에 빠질 가능성 때문에 두려워했다. 많은 경제학자들은 그리스가 유로존(euro zone)을 떠나 자체 통화를 평가절하해야 한다고 주장했다. 이론적으로는 이렇게 해야 경제가 다시 성장할 수 있다. 뉴욕대학 경제학자 누리엘 루비니(Nouriel Roubini)는 《파이낸셜타임스(Financial Times)》지에 기고한 글에서 "어떤 실수도 해서는 안 된다. 그리스가 유로존에서 벗어나는 과정은 고통스러울 것이다"라고 적고 있었다. 그리고 "그러나 그리스 경제와 사회가 내부에서 서서히 무너져가는 모습을 지켜보는 것은 훨씬 더 고통스러울 것이다"라는 말도 덧붙였다.

하지만 그 누구도 이런 시나리오가 실제로 어떤 식으로 펼쳐질지 확신할 수 없었다. 그리스가 유로화를 포기한다면 스페인과 이탈리아도 마찬가지일 수 있으며, 유럽연합의 핵심적 연결 고리가 끊어질지도 모른다는 공포가 널리 퍼졌다. 그러나 《이코노미스트》지는 이 위기가 "(유럽연합 본부가 있는) 브뤼셀에 더 많은 재정 정책 통제권을 쥐여주어 유로존이 과거보다 더욱 정치적으로 통합"되게 할 것이라고 전망했다. 이러한 결과는 더욱 광범위한 영향을 미칠 것이다. 유럽연합으로 들어오는 이민자들은 이제 물가가 싼 그리스를 목적지로 할 것이다. 관광 수요의 감소는 전염성 강한 질병의 확산을 어렵게 만들 것이다. 무역 경로가 변하면 기존 생태계도 달라진다. 그리스는 유로화를 포기해야 할까? 질문 자체는 단순하지만 이로 인한 정치적 후폭풍은 전 세계 손꼽히는 두뇌들조차 어떤 일이 일어날지 전혀 상상조차 할 수 없을 정도로 복잡하면서도 엄청날 것이다.

이런 질문이 바로 취리히에 있는 스위스취리히연방공과대학의 물리학자이면서 사회학과 교수인 더크 헬빙(Dirk Helbing)으로 하여금 세계의 미래를 내다보는 수정 구슬이* 될 10억 유로짜리 컴퓨터 시스템을 제안하게 만들었다. 이 시스템은 세상의 모든 것을 흉내 내는 세상 속의 또 다른 세상으로서 정치가들이 직면하는 가장 곤란한 질문에 답을 제시한다. 이 과제의 핵심인 '실물지구 시뮬레이터(Living Earth Simulator, LES)'는 경제·정부·문화·전염병·농업·기술 발전 등 전 세계적 수준의 활동을 엄청난 양의 데이터, 정교한 알고리즘, 이를 감당할 수 있는 하드웨어를 이용해서 흉내 낸다. 유럽위원회(European Commission)는 지원금 10억 유로가 걸린 과제 선발에서 헬빙의 제안을 최종 후보 여섯 가지 가운데 하나로 선정했다.

*서양의 점쟁이들이 수정 구슬을 보며 미래를 예언하는 데 비유하고 있다.

이 시스템은 많은 과학자들이 망원경과 현미경의 발견에 버금갈 정도의 충격으로 받아들이는 '빅데이터(big data)' 출현에 대한 가장 야심 찬 대응이라고 할 수 있다. 디지털 정보의 급격한 증가는 컴퓨터과학, 사회과학, 생물학 분야에 이제껏 생각도 해보지 못한 질문을 던지고 있다고 하버드 의과대학 교수이자 사회과학자인 니콜라스 크리스타키스(Nicholas Christakis)는 지적했다. 그는 핸드폰의 보급으로 개인이 가는 곳, 구매하는 물건은 물론 개인의 생각까지 알 수 있는 정보의 바다가 만들어진 것을 사례로 들었다. 많은 전문가들은 이런 정보가 유전체학, 경제학, 정치학 등 다른 종류의 데이터와 결합하는 새로운 시대가 도래하고 있다고 믿는다.

"과학의 진보는 종종 장비에 의해 이뤄집니다." 노스웨스턴대학 컴퓨터 및 정보과학대학 부교수이면서 헬빙의 프로젝트를 지원하는 데이비드 레이저(David Lazer)의 말이다. 도구가 과제를 만들어내는 것이다. 레이저는 이를 "과학은 등불이 밝다는 이유로 그 아래에서 잃어버린 열쇠를 찾는 술 취한 사람과 마찬가지"라고 표현했다. 헬빙을 지지하는 전 세계 다양한 과학자들에게 10억 유로는 꽤나 밝은 가로등이다. 그러나 많은 과학자들은 전 세계 데이터를 한곳에 모을 필요성에 대해서 회의적이다. 그들은 인터넷으로 연결된 클라우드를* 통해서 충분히 데이터를 가져다 쓸 수 있다고 주장한다. 데이터가 공유되면 사람들이 이를 활용할 기회가 늘어나고, 숨은 정보를 찾아내어 새로운 기회를 만들 가능성이 높다는 것이다.

*인터넷과 연결된 중앙 컴퓨터에 소프트웨어와 데이터를 저장해 언제 어디서든 인터넷에 접속만 하면 데이터 이용이 가능하도록 하는 것.

실물지구 시뮬레이터

데이터 양이 아무리 많고 연관성이 희박하더라도 여러 데이터에서 연관성을 찾아내는 것은 현대 과학에서 대수롭지 않은 일이다. 예를 들면 인간 행동에 관한 엄청난 양의 익명 건강 정보가 모였고, 연구자들은 이를 이용해 2형 당뇨병 같은 '행동 질병(desease of behavior)'을 유발하는 복잡한 환경적·행동적 요소를 풀기 시작했다. 매사추세츠공과대학 인간역학연구소(Human Dynamics Laboratory) 소장 알렉스 팬트랜드(Alex Pentland)가 알려준 사실이다. 그는 이 같은 빅데이터를 이용하는 것과 비교하면 1948년에 무려 5,209명의 환자를 대상으로 시작된 역사적인 프레이밍햄(Framingham) 심혈관 질환 연구도* 소규모 집단을 대상으로 한 연구처럼 보인다고 지적했다.

* 지금도 계속 진행되고 있다.

그러나 헬빙이 제안하고 있는 FuturICT(미래 정보통신 기술) 지식 가속기(Knowledge Accelerator)와 위기 완화 시스템(Crisis-Relief System)은 단순한 데이터 마이닝(data mining)** 차원을 넘어선다. 여기에는 전 세계적 식량 부족이나 전염병 발생 등의 문제를 다루는 위기 관측소(Crisis Observatories)와 전 세계에 설치된 센서를 통해 얻은 정보를 통합하는 지구 관측 시스템(Planetary Nervous System)도 포함된다. 그러나 FuturICT의 핵심은 무엇보다 전 세계 수많은 사회적·생물학적·정치적·군사적 힘을 모형화해서 미래에 대한 직관을 얻어내고자 하는 '실물지구 시뮬레이터'다.

** 대용량 데이터에 숨겨진 유용한 정보를 발견하는 과정.

시뮬레이션에 사용할 모형은 이미 몇 세대 전부터 존재했다. 1949년 뉴질랜드 출신 공학자이자 경제학자 빌 필립스(Bill Philips)는 배관용 자재와 버려진 자동차 와이퍼용 모터를 이용해서 영국 경제의 작동 원리를 나타낸 바 있다. 색깔 있는 물 흐름이 수입의 흐름을 나타냈고, 소비지출, 세금을 비롯한 여타 경제활동의 변화에 따라 수량이 조절되었다. 물론 오늘날 기준으로 보면 굉장히 원시적이었지만, 이 장치가 구성 요소들의 관계를 규정하고 데이터를 입력한 후에 결과를 본다는 모형화의 기본적 원리를 잘 드러내주었음은 분명하다. 예측 결과를 이용해 모형 자체를 더 다듬을 수도 있다.

우리 사회에 사회 모형이 없다면 컴퓨터가 없는 것과 다르지 않을 것이다. 하지만 파이프로 만든 모형에 화산 폭발이 경제성장에 미치는 단기적 영향을 반영하거나, 교육에서 백신 배포에 이르는 인간의 모든 활동을 포함시킬 수 있을까? 헬빙은 가능하다고 생각한다. 이미 고속도로 교통량이라는 복잡한 시스템을 성공적으로 모형화한 적이 있기에 자신감이 있었다. 그는 동료들과 함께 컴퓨터로 차량의 흐름을 만들어내고, 차량 간격을 조절함으로써 가다 서다의 반복 현상을 없앨 수 있음을 (컴퓨터상에서) 보여주었다. (안타깝게도 이렇게 되려면 차량 사이의 간격이 아주 짧아야 하므로 실제로 구현하려면 로봇이 차를 운전해야 한다.) 유사한 방법으로 메카에서 하지(hajj)* 기간 동안 순례자들의 움직임을 모형화해서 분석한 결과를 바탕 삼아 도로와 다리를 수리함으로써 압사 사고를 방지하는 프로젝트도 구상 중이다. 헬빙은 FuturICT를 기본적으로 고속도로 모형의 확대판으로 받아들인다.

*이슬람교도들이 메카를 순례하는 것.

하지만 하버드대학 계량사회과학연구소(Institute for Quantitative Social

Science)의 게리 킹(Gary King)에 따르면 이런 방식의 모형화는 아주 한정된 경우에만 의미가 있다. 고속도로나 하지의 경우, 모든 차량과 사람이 같은 방향을 향하며 가능한 빠르고 안전하게 목적지에 도달하려는 공통된 목표를 갖는다. FuturICT는 이와는 다르다. 사람들은 상상할 수 있는 모든 이유(이기적인 것이나 이타적인 것 등)에 기인해서 행동하고, 행동에 따라 얻을 수 있는 이득도 다양하다(부자가 되거나 결혼하는 등). 긴급 상황이 벌어질 수도 있고(주요 지도자가 사망하거나 UFO가 등장하는 등), 일어나는 사건의 연결 구조가 복잡할 수도 있으며(경제 전문가가 부정적 전망을 내놓으면서 시장이 혼란에 빠지는 등), 다른 관련 모형과 복잡한 입출력 및 상호 연관 관계를 갖는다. 어떤 도시의 경제를 모형화하는 경우만 생각해봐도 교통 패턴·농업 생산·인구·기후·역학 등을 비롯해서 고려할 점이 한두 가지가 아니다.

과학자들은 모델 자체의 복잡함은 제쳐두더라도 이런 대규모 시스템에서 여러 요인들이 얽히는 것 때문에 발생하는 어려움도 상당한 문제가 되리라 예상한다. 우선 사회적 행동에 대해 어디부터 접근을 시작할지조차 이론적으로 분명치 않다. 킹은 물리 시스템처럼 동작 법칙을 확실히 알 때는 모형을 만들기 쉽다고 설명한다. 하지만 사회적 행동에 관한 이론은 어느 것을 막론하고 이를 체계적 모형으로 만들 방법이 없다.

그럼에도 킹은 가능성이 없지는 않다고 말한다. 데이터가 충분하다면, 법칙 자체는 알아내지 못하더라도 여기서 규칙성을 찾아 모형을 만들어내는 것이다. 예를 들면 지구 곳곳에서 1년간의 온도와 습도를 기록하면, 유체역학이나 태양의 움직임에 관한 지식이 없어도 상당히 그럴듯하게 날씨를 예측할 수 있는 것과 마찬가지다.

노스웨스턴대학 복잡네트워크연구센터(Center for Complex Network Research) 소장 알버트 라즐로 바라바시(Albert-László Barabási)에 따르면 이미 인간의 행동에 대해 이런 식으로 규칙성을 찾아내는 연구가 시작되었다. 바라바시 연구팀은 최근에 순전히 사람들의 과거 이동 패턴을 분석해서 90퍼센트 정확도로 사람들이 다음 날 오후 5시에 어디 있을지 알아내는 모형을 발표했다. 여기에는 심리학, 공학, 경제학적 분석은 전혀 들어 있지 않다. 그저 과거의 데이터를 살펴보고 이 추세를 그다음 날에 적용한 것뿐이다.

그러나 이런 방식이 성공적이려면 때론 도저히 감당이 어려울 정도로 많은 양의 데이터가 필요하다. 카네기멜론대학 통계학자 코즈마 살리지(Cosma Shalizi)는 100가지 상호작용 요소를 고려할 때의 정확도를 2차원 문제에서 얻으려면 데이터 수가 천문학적 수준으로 늘어나야 한다고 지적한다. 그는 사회적 행동의 복잡성을 완벽하게 표현할 단순한 모형을 사용하지 않는다면 "데이터만으로 쓸 만한 모형을 만들어낼 가망은 없다"라고 단정 지었다.

그러나 FuturICT는 하나의 모형에만 의존하지는 않는다. 헬빙은 여기에 "컴퓨터과학·복잡계·시스템 이론·사회과학(경제학과 정치학을 포함해서)·인지과학"에 덧붙여 다른 분야도 포함될 것이라고 설명했다. 그러나 여러 모형을 결합하면 복잡성이 폭발적으로 증가하는 문제가 있다. 킹은 말한다. "각각 10개의 출력을 만들어내는 날씨와 교통 모형이 있다고 합시다. 그리고 이제 둘을 합하여 결과를 알고 싶습니다. 그러려면 알아야 할 것이 몇 가지나 될까요? 20가지가 아닙니다. 100가지예요. 이것 때문에 불가능해진다는 이야기가 아니라, 필요한 데이터 양이 아주 빠르게 늘어난다는 점을 말하고 싶습니다."

문제를 복잡하게 만드는 또 다른 요소는 이런 모형을 이용해 얻은 예측 결과가 뉴스가 되어 퍼져나가서 사회에 영향을 미친다는 점이다. "이는 과학적으로 매우 중요한 질문입니다." 인디애나대학 복잡네트워크시스템 센터(Center for Complex Networks and Systems Research) 소장이자 수석 데이터 플래너 알레산드로 베스피그나니(Alessandro Vespignani)는 말한다. "예측 자체가 예측의 조건을 바꾸어버리는 상황을 봅시다. 이때 정보의 되먹임을 반영하면서 알고리즘의 지속적 개선이 가능하게 해주는 실시간 데이터 관측기를 개발하려면? 그리고 새로운 예측을 만들어내려면 어떻게 해야 할까요?"

모형들은 아주 복잡하면서도 특별하다. 예를 들면 경제모형을 이용해서 어떤 도시가 간척지를 만들 경우 결과가 어떨지 알아보려는데 이 모형에 식량 수급에 대한 부분이 빠져 있다고 해보자. 그러면 모형이 만들어낸 결과는 경제학적으로는 나무랄 데 없을지 몰라도 환경에는 재앙이 될 수 있다. 1천만 종 생물 사이의 먹이사슬을 찾아내는 것 자체가 엄청난 일이다. 또한 식량 수급 문제는 각 생물 종의 관계를 파악하는 것만으로 알아낼 수도 없다. 록펠러대학 환경과학자 제시 오스벨(Jesse Ausubel)의 이야기를 들어보자. 박쥐의 위에서 얻은 내용물의 DNA를 분석하면 박쥐가 무엇을 먹는지 알아낼 수 있다. 그러나 특정한 동굴에 서식하는 박쥐의 먹이는 이 동굴에서 불과 몇 킬로미터 떨어진 동굴에 사는 같은 종류의 박쥐와도 다를 수 있다. 바닷새의 배설물로 덮인 동굴을 하나씩 조사해보지 않고 서로 연관된 몇몇 모형만을 사용해서 얻은 결과는 신뢰성도 떨어지고 오류에 오류를 더할 뿐이다.

이론적으로는 동작 원리에 대한 아무런 사전 지식이 없는 복잡한 현상에 대해서도 모형을 만들 수 있지만 실질적으로는 막대한 어려움이 있다. 파고들려면 한도 끝도 없고 마지막 순간에 결정적 영향을 미치는 새로운 요소는 언제든지 있다. 인간의 행태에 대한 사전 지식이 없다면 분석 결과를 언제 마무리할지 판단할 수도 없다.

게놈 연구나 천체물리학에서는 빅데이터가 성공적으로 쓰였지만 어떤 분야가 효과적이라고 해서 여러 분야가 서로 매우 복잡한 방식으로 얽혀 있을 때도 그러리라 단정하기는 힘들다. 어쩌면 단계적 발전이 가능할 수도 있고, 인간의 행동과 관련된 것처럼 복잡한 시스템의 모형을 만드는 것은 태생적으로 불가능할 수도 있다. 인간이라는 시스템에는 검은 백조(black swan)와* 혼돈 이론(chaos theory)이라는** 두 가지 예측할 수 없는 성질이 있기 때문이다.

*과거의 확고했던 경험과 완전히 반대되는 현상이 일어날 수도 있다는 이론.

**작은 오차들이 겹쳐지면서 예측할 수 없는 결과를 만들어낸다는 이론.

결과는 알지만 이해는 어렵다

2010년 12월 17일, 튀니지의 작은 마을 시디부지드에서 노점상을 하던 모하메드 부아지지(Mohamed Bouazizi)는 부패에 항의해 분신 시위를 벌였다. 이 일을 계기로 아랍 세계에 혁명의 불길이 번져나갔고 이집트, 리비아를 포함해 전 세계 석유의 주요 공급원인 여러 나라에서 몇십 년 된 정권들이 무너지기에 이른다.

2001년 9월 11일의 테러 공격과 그 영향, 몇몇 연구자들이나 사용하던 인터넷이 기존 산업을 무너뜨리고 완전히 새로운 산업을 만들어낸 것 등을 어떤 모형이 예견할 수 있었을까? 이러한 것들이 바로 나심 니콜라스 탈레브(Nassim Nicholas Taleb)가 2007년 동명의 제목으로 출간해서 베스트셀러가 된 검은 백조 이론의 예다.* "세계는 어떤 모형보다도 복잡하니까요. 항상 무언가 모르는 게 있죠." 오스벨은 말한다.

* 원제는 The Black Swan이며, 국내에는 《블랙스완》이라는 책으로 나와 있다.

더 문제가 되는 건, 헬빙이 이해하고자 하는 사회, 정치, 경제 시스템은 단지 복잡하기만 한 것이 아니라 혼돈 상태에 가깝다는 점이다. 각각 몇백 가지 요인에 영향을 받을뿐더러 서로 복잡하게 얽혀 있고, 지대한 영향을 주고받는다. 혼돈 시스템의 모든 현상에는 이유가 있다. 더 정확하게 표현하면 모든 사건에는 수많은 이유가 있어서 아주 큰 관점에서 보는 전체적 흐름 말고는 예측 자체가 불가능하다. 조지메이슨대학 기후학자이자 글로벌 환경·사회연구소(Institute of Global Environment and Society) 회장 자가디시 슈클라(Jagadish Shukla)는 다음과 같은 사실을 지적한다. "오늘날에는 닷새 뒤까지 날씨를 예보할 수 있지만 아무리 관측 장비가 많아져도 보름 뒤의 날씨를 알 방법은 없습니다. 초기 조건에는 항상 오류가 있을 수밖에 없는 데다 일기예보에 사용되는 모형은 완전하지 않습니다." 또한 그는 "기술적 이유가 아니라 시스템의 예측 가능성 자체가 떨어지기 때문에 한계가 발생합니다"라고 덧붙였다.

슈클라는 날씨와 기후를 확실하게 구분한다. 100년 뒤의 오늘 오후에 비가 올지 안 올지는 전혀 예측할 수 없을지라도 평균적 해수 온도는 어느 정도 범위에서 예측할 수 있다. "기후도 혼돈 시스템이지만 그래도 예측이 가능합니다"라고 슈클라는 말한다. 헬빙의 모형도 마찬가지다. 헬빙은 이메일에서 "아마 금융시장을 정밀하게 예측하는 것이 날씨 예측보다 어려울 겁니다"라고 적고 있다. "하지만 머지않아 금융시장이 붕괴하리란 사실은, 예를 들면 미국의 소비지출이 소득을 초과하는 상황이 몇 년간 지속되었다든지 하는 거시경제 데이터를 이용해 알아낼 수 있습니다." 그러나 그걸 알아내려고 슈퍼컴퓨터 몇십 대와 우주를 뒤덮을 만큼의 데이터, 10억 유로를 써야 하는 건 아니다.

헬빙이 비용의 타당성을 설명하면서 강조했듯이 정책 결정자들에게 과학적 근거가 있는 조언을 해주는 데 진짜 목적이 있다면 몇 가지 실질적 문제가 발생한다. 우선 슈퍼컴퓨터가 얻어낸 결과를 인간의 두뇌가 이해할 수 있을지 확실치 않다. 영국 경제를 배관 파이프로 표현한 것처럼 모형이 단순하다면 모형의 움직임을 되짚어보면서 개인 저축의 감소가 예상치 못한 급격한 세금 증가의 원인이었음을 이해할 수 있다. 그러나 빅데이터에서 컴퓨터가 만들어낸 모형을 통해 얻은 결과와 이를 다시 입력해서 미세 조정함으로써 얻은 결과는 인간이 이해하기에는 너무 복잡할 수도 있다. 무언가를 알게 되더라도 이해는 못하는 상황이 벌어질지도 모른다.

헬빙에게 이런 문제점에 대해서 묻자 그는 잠시 말을 멈추었다. 결국 그는 교통 관련 연구를 할 때도 그랬듯이 인간이 이해하는 일반적 규칙과 방정식이 만들어질 거라고 답변했다. 그러나 금융 시스템·사회적 행태·정치적 움직임·기후·지질 문제가 만나는 경우의 복잡도는 고작 3차선 도로에서 모두 한 방향으로 가는 차량 흐름과는 비교할 바가 아니다. 그러므로 인간은 왜 모형이 그리스가 유로존에서 탈퇴하면 재앙이 올 거라고 예측하는지 여전히 이해하기 어려울 수 있다.

특정한 선택이 왜 최선의 선택인지 이해하지 못한다면 어느 대통령이나 수상도 그 선택을 행동에 옮길 수 없다. 특히 그 행동이 우스꽝스러워 보일 때는 더더욱 그러하다. 컬럼비아대학 통계학자 빅토리아 스터든(Victoria Stodden)은 실물지구 시뮬레이터 결과를 받아 든 정책 결정자가 "전 세계적 경제 위기에서 벗어나려면 세계의 모든 유정(油井)에 불을 붙여야 합니다"라고 발표하는 상황을 가정해보았다. 왜 그런 행동이 필요한지 적절하게 설명하지 못한다면 절대로 실행에 옮길 수 없는 정책이다. 대부분의 과학자가 큰 틀에서 기후변화의 위험성을 인식하고 있음에도, 정책 결정자들이 환경 모델에서 얻은 결과를 기반으로 한 정책을 만들지 않는 이유도 바로 여기에 있다.

괴짜들의 논쟁

헬빙은 현재, FuturICT처럼 거대하고 복잡한 과제를 효과적으로 수행하려면 한 기관에서 이 일을 맡아야 한다고 주장하는데 이 때문에 여러 가지 실질적 문제가 생긴다. 헬빙의 의도는 하드웨어와 데이터 수집, 그리고 이를 통해 얻은 결과를 포괄적으로 감독하려는 것이다.

크리에이티브커먼즈(Creative Commons) 재단의 이사 존 윌뱅크스(John Wilbanks)의 접근 방법은 이와 다르다. 윌뱅크스는 헬빙과 마찬가지로 빅데이터에 관심을 가지고 있다. 그러나 그는 독립된 기관이 아니라 인터넷을 활용하려 한다. 그는 누구나 이용 가능한 '데이터 커먼스(data commons)'를* 만드는 여러 과제의 진행을 주도하는 인물이다. 목적은 전 세계 과학자들이 아이디어, 모형, 결과를 공유하는 오픈마켓을 만드는 것이다. 특정 조직의 정리된 입력을 이용해 높은 가치를 갖는 결과를 만들어내려는 것과는 정반대 방식이다.

* 대중의 데이터라는 의미다.

이 두 가지 접근 방식은 중요시하는 가치가 서로 다르다. 데이터 커먼스에서는 폐쇄적 시스템처럼 모든 것이 정돈되어 있지는 않지만, 윌뱅크스는 자신의 방식에 존재하는 '무엇인가를 만들어내는 힘(generativity)'이 이런 단점을 상쇄하고도 남는다고 생각한다. 이 어휘는 조너선 지트레인(Jonathan Zittrain)의 2008년 작 《인터넷의 미래(The Future of the Internet)》에** 등장한 것으로 "다양한 구성원의 정제되지 않은 기여를 통해 예측하지 못한 변화를 만들어내는 시스템의 능력"으로 정의할 수 있다. 예를 들면 웹은 누구나 참여가 가능하기 때문에 강력한 도구가 된다. 윌뱅크스는 과학자들이 더 많은

** 국내에도 같은 제목의 책으로 출판되어 있다.

데이터에 접근할 수 있을 때 과학의 발전이 가속화된다고 본다. 따라서 정보는 모두에게 열려 있고, 함께 작업하기가 편해야 하며, 여러 분야와 기관이 함께 참여하고, 다양한 모형을 이용해야 한다고 생각한다.

지난 몇 년간 새로운 '언어(language)'가 등장하여 윌뱅크스가 가진 꿈의 현실화에 큰 힘을 보탰다. 이는 월드와이드웹을 발명한 팀 버너스 리(Tim Berners-Lee)가 2006년에 제시한 원칙에 따라 만들어졌다. 이 '연결된 데이터(linked data)' 형식에서 정보는 단순한 규칙에 따라 주어진다. ① X와 Y는 어떤 특정한 방식으로 연관되어 있다. ② 이 관계는 데이터를 제공하는 사람이 마음대로 정한다. 예를 들면 크리에이티브커먼즈가 구인 정보를 연결된 데이터의 형태로 제공하고 싶다면 이 데이터를 [존 윌뱅크스] [이끈다(leads)] [크리에이티브커먼즈 과학팀]이나 [존 윌뱅크스] [이메일 주소] [johnsemail@creativecommons.org]와 같은 식의 '세 항목(triple)'의 연속으로 만들 수 있다.

또한 전 세계에 존 윌뱅크스란 이름을 가진 사람은 여럿일 테고 'leads'의 의미도 여러 가지일 수 있으니 이들 세 항목의 각 요소에는 출처를 가리키는 인터넷이 링크되어야 한다. 예를 들면 존 윌뱅크스의 링크는 그의 홈페이지일 수도 있고, CreativeCommons.org에 있는 어떤 페이지일 수도 있으며, 위키피디아에 있는 그에 관한 페이지일 수도 있다. 'leads'는 사전에서의 리더십 항목으로 연결될 수 있다.

이런 식의 연결 구조를 이용하면 연구자들은 모든 부분끼리의 관계를 설명하는 하나의 통합된 추상적 모형을 쓰지 않으면서도 여러 곳에서 찾은 데이터를 연결할 수 있다. 이를 통해 공개될 데이터를 준비하는 데 드는 비용을 낮출 수도 있다. 또한 데이터가 공개된 후 데이터의 가치도 높일 수 있다.

연결된 데이터를 사용하면 이론적으로 특정한 데이터에 관심을 가진 더 많은 사람들의 주목을 받을 수 있기 때문에 누군가 우연히 흥미로운 신호를 찾아낼 가능성이 높아진다. 이 방식을 통해 더 많은 가설이 시험되고, 더 많은 모형이 만들어질 수 있다. 윌뱅크스는 “이 사람 저 사람 논쟁을 벌일 겁니다”라고 표현했다. “모형에 사용되는 변수와 수식이 옳은지 그른지, 가정이 올바른지 잘못되었는지 많은 논의가 있을 겁니다.” 세상은 너무나 복잡하기 때문에 금융시장의 붕괴를 미리 알아내는 식으로 세계를 이해하려면 되도록 많은 사람이 관심을 갖게끔 하면 좋을 것이다. 윌뱅크스와 그의 팀원들에게는 데이터의 공개와 상호 호환을 가능하게 만드는 일이 중요한 첫 단계다. 이 소동에 발을 들여놓는 그룹들은 틀림없이 위대한 정신을 발휘하며 정교한 모델을 만들어놓은 기관들이 될 것이다. 하지만 진실이 드러나기 위한 최초의, 그리고 가장 중요한 조건은 소동 그 자체다. 괴짜들이 괴짜들과 논쟁을 벌인다.

윌뱅크스와 헬빙 모두 빅데이터가 다양하게 이용될 수 있고, 불과 몇 년 전만 해도 이해하기 어려웠던 사회현상을 더욱 심도 있게 과학적으로 바라보게 해주리라 생각한다. 바라바시는 “정치인에게 확신을 심어주려면 행동의 결과가 어떤 것인지를 알려줘야 한다”라고 표현한 바 있다. 헬빙은 실물지구 시뮬레이터를 이용하면 왜 국가적 파산 상태와 전 세계적 전염병의 유행을 막을 수 있는지 그림으로 보여주며 자금을 끌어모으려 애쓰면서도 FuturICT에 서로 경쟁하는 여러 모형이 들어 있을 것이라는 점을 인정했다. 또한 그는 역사상 가장 많은 데이터를 모아서 이를 모두에게 공개하고자 한다(공급자와의 계약, 사생활 보호 문제 때문에 비공개인 데이터도 있을 것이다).

그럼에도 둘 사이의 차이는 분명하다. 헬빙과 그의 팀 내 데이터 구조 설계 담당자 베스피그나니는 FuturICT가 여러 모형을 사용할 거란 점을 부인하지 않는다. 베스피그나니는 "일기예보에도 여러 모형이 함께 사용됩니다. 모형을 결합해서 통계적으로 어떤 결과가 나올지를 예측합니다"라고 덧붙였다. 그와 헬빙은 여러 모델을 통해 하나로 수렴하는 결과를 얻어내려는 것이다.

결과가 한곳으로 수렴한다면 그 결과가 진실이라는 통념이 엄연히 존재한다. 그러나 망(網)으로 연결된 기반 위에서는 그렇지 않을 수도 있다. 과학자들이 서로 다른 모형과 분류, 용어를 사용하는데도 서로 대화가 가능한 것은 이들이 공유하는 데이터 링크가 인터넷이나 실세계에서 확인 가능한 곳에 연결되어 있기 때문이다. 덕분에 각자 자신만의 방식으로 작업하면서도 협력이 가능하다. 월뱅크스는 서로의 차이를 해소하는 방법이 단 한 가지가 될 수 없는 이유는 과학자들 저마다 동기도 다르고, 문화적·기질적으로 다르기 때문이라고 주장한다. 이런 차이를 인정하면서 심지어 포용하기까지 하는 접근 방식이 바로 데이터 커먼스다.

5-3

지식이란 무엇인가?

누가 보아도 명백한 질문은 실질적인 것, 즉 "어떤 접근 방법이 더 잘 작동할까?"일 것이다. "잘 작동한다"라는 말의 의미는 과학의 진보를 촉진하면서 미래에 대한 의미 있는(또한 정확한) 결과를 내어준다는 뜻이다.

지식 그 자체의 본성에 대해서 질문을 던진다면 답은 하나가 아닐 수도 있다. 서구에서는 몇천 년 동안 지식을 입증된 사실과 같은 선상에 놓고 바라보았다. 이러한 관점 때문에 지식이 매개체가 되기 어려웠는지도 모른다. 지식이 문서에 적힌 형태로 교환되고 보존되면 조직이라는 경로를 통할 수밖에 없고 그 과정에서 변화하기도 어렵다. 그러나 오늘날에는 지식을 매개하는 것은 출판이 아니라 네트워크로 연결된 대중이다. 데이터 커먼스를 이용해서 많은 양의 지식을 얻을 수도 있고, 지식을 둘러싸고 다양한 형태로 지속적 논란이 일어날 수도 있다. 사실 이처럼 절대로 완벽하게 결론이 나지도 않고, 문서화되지도, 마무리되지도 않는 것이 인터넷 시대 지식의 참모습이기도 하다.

FuturICT는 정교하게 모형화한 세계에서 우리가 궁금해하는 문제의 답이 무엇인지 찾으려 한다. 반면 연결된 데이터라는 아이디어는, 삶의 다양한 측면을 모두 포함해서 세계를 논리적으로 모형화할 수 있다는 생각과 (부분적으로는) 반대된다. 대중이 지식을 만들어낼 수도 있다. 비록 대중이 이 세계를 완벽히 대표하는 것은 아닐지라도…….*

*FuturICT는 10억 유로 지원 과제로 선택되지 못했다. 유럽은 2013년 최종적으로 슈퍼컴퓨터를 이용한 뇌 분석과 그래핀 개발 과제를 선택했다.

5-4 양자 컴퓨터의 한계

스캇 아론슨

*개인 Haggar가 아니라 해커(hacker)에서 따온 호칭으로 보인다.

주간 풍자지 《어니언(Onion)》지에 "일단의 물리학자들(Haggar Physicists)이* '양자 바지'를 개발하다"라는 기사가 실렸다. 기사에 따르면, '슈뢰딩거의 바지(Schrödinger's Pants)' 이중성이라는 신기한 효과로 인해 고전물리학 법칙을 무시하는 이 바지는 정장과 일상복 어느 쪽으로건 쓰일 수 있다고 한다. 《어니언》지 기자들이 10여 년간 대중과학지에서 많이 다루었던 양자 컴퓨터를 비꼰 것이다.

현존하는 컴퓨터 중 가장 고성능 컴퓨터도 풀기 어려운 (아직까지는 그렇다고 알려진) NP-완전 문제(NP-complete problem)라고 불리는 아주 어려운 형태의 수학 문제를 양자 컴퓨터가 쉽게 풀 수 있다고 생각하는 것은 흔한 오해다. 《이코노미스트》지 2007년 2월 15일자 기사는 좋은 예다. 양자 컴퓨터는 정장인 동시에 일상복이 됨으로써가 아니라 주어진 모든 문제를 동시에 처리하는 하드웨어를 이용해서 이러한 문제를 풀어낸다.

NP-완전 문제를 순식간에 푸는 마술 컴퓨터를 만들 수 있다면 세상의 모습은 지금과 완전히 달라질 것이다. 주식 가격이나 거래 패턴, 과거의 날씨 기록을 비롯해 뇌의 움직임에서 무엇을 알아낼 수 있는지를 컴퓨터에 물어보면 된다. 오늘날의 컴퓨터와 완전히 다른 이런 컴퓨터는 숨어 있는 패턴을 아주 쉽게 찾아낼뿐더러 문제 자체를 이해할 필요도 없다. 이 마법의 컴퓨터는 수학적 창의성조차 자동화할 수 있다. 골드바흐의 추측(Goldbach's conjecture)이나* 리만 가설(Riemann hypothesis)**처럼 100년 이상 풀리지 않고 있는 수학의 난제도 이 컴퓨터에 가능한 모든 답과 반례를 찾아달라고 하면 된다. 설령 그 답의 길이가 몇십억 글자에 이르더라도(우리가 그걸 읽을지는 모르겠지만).

*"2보다 큰 모든 짝수는 2개의 소수(素數)의 합"이라는 정리로, 증명되지 않았다.
**독일 수학자 리만(Georg Friedrich Bernhard Riemann)이 "2, 3, 5, 7 같은 소수들이 어떤 패턴을 지니고 있을까?"라는 질문에 대해 세운 가설.

양자 컴퓨터에 이처럼 신과 다름없는 수학 능력이 있다면 양자 컴퓨터는 공간을 휘게 만드는 기계, 반(反)중력 막과 함께 판매대에 놓여야 할 물건일지도 모른다. 이는 매우 과장된 표현이지만, 그래도 필자는 양자 컴퓨터가 공상과학으로 오해받는 일은 잘못이라고 생각한다. 그 대신 양자 컴퓨터의 한계와 양자 컴퓨터로 할 수 있는 일이 무언지 생각해볼 필요가 있다.

물리학자 리처드 파인만이 처음으로 양자 컴퓨터라는 아이디어를 내놓은 후, 컴퓨터 과학자들은 이의 실현을 위해 엄청나게 노력했으며 그동안 많은 진전이 있었다. 지금까지 알려진 바로는 양자 컴퓨터를 이용하면 인터넷의 금융거래용 암호 해독 등 몇 가지 특정 문제를 풀 때는 아주 속도가 빨라진다. 하지만 체스게임, 항공편 배정, 수학 정리 증명 등의 문제에 대해서는 기존 컴퓨터와 별다르지 않으리란 근거가 많이 제시된다. 이런 한계는 결어긋남(양자 컴퓨터와 주변 환경 사이에서 일어나는 의도되지 않은 상호작용으로 오차의 원인이 된다)처럼 양자 컴퓨터를 실제로 만들면서 맞닥뜨리는 어려움과는 완전히 별개의 문제다. 심지어 물리학자들이 결어긋남이 전혀 없는 양자 컴퓨터를 만들어 낸다고 해도 컴퓨터가 동작하도록 프로그램을 짜는 것에는 수학적으로 한계가 존재한다.

어려운 일, 더 어려운 일, 제일 어려운 일

양자 컴퓨터가 암호 풀기 등 특정 종류의 문제는 빨리 풀 수 있지만 어떤 문제는 그렇지 못한 까닭은 무엇일까? 빠르면 모든 경우에 빨라야 하는 것 아닌가? 답은 'No'이며, 이유를 설명하려면 컴퓨터공학의 핵심을 파고들어야 한다. 컴퓨터 과학자에게는 문제가 복잡해지면 시간이 얼마나 더 걸리는지 알아내는 일은 아주 중요한 과제다. 이때의 시간은 일반적으로 생각하는 시간이 아니라, 해당 알고리즘이 문제를 풀 때까지 몇 번의 연산을 거치느냐로 측정된다. 예를 들면 초등학교 수학에 나오는 알고리즘을 이용하면 두 개의 n-자리 수의 곱을 n^2(n의 다항식)에 비례하는 시간 안에 풀 수 있다. 그러나 어떤 수의 소인수를 찾아내려면, 지금까지 알려진 어떤 방법을 이용해도 자리수가 커짐에 따라 지수적으로 계산 시간이 늘어난다. 그러므로 소인수를 찾는 일은 태생적으로 곱하기보다 어렵고, 몇천 자리 수의 소인수를 찾는 것과 몇천 자리 수의 곱하기의 난이도 차이는 코모도어 64(Commodore 64)와* 최신 슈퍼컴퓨터의 차이에 비할 바가 아니다.

*코모도어인터내셔널사에서 1982년 8월 내놓은 8비트 가정용 컴퓨터로 최초의 개인용 컴퓨터.

5-4

컴퓨터가 적당한 시간 내에 풀 수 있는 형태의 문제들은 설령 n의 값이 커지더라도 그 문제를 푸는 데 걸리는 시간을 n, n^2, $n^{2.5}$ 등 n의 다항식으로 나타낼 수 있다. 컴퓨터 과학자들은 이런 종류의 알고리즘을 효과적(efficient)이라고 표현하고, 효과적 알고리즘으로 풀 수 있는 문제를 P 문제라고 부른다. P는 '다항식으로 표현되는 시간(polynomial time)'의 머리글자를 딴 것이다.

P 문제의 간단한 예를 들어보자. 모든 마을에서 다른 모든 마을로 가는 지도상의 경로가 존재할까? P 문제 중에는 효과적 해결책이 있는지 없는지 불분명한 것도 있다. 예를 들면 주어진 정수가 소수(13처럼)인지 합성수(12처럼)인지 알아내기, 결혼을 원하는 남녀 명단에서 모든 사람을 원하는 짝과 연결하기 등이 이런 경우다.

크기가 다양한 상자 여러 개를 가방에 넣는 문제를 생각해보자. 또는 지도에서 국경을 맞댄 나라끼리는 같은 색을 쓰지 않으면서 모든 나라를 빨강, 파랑, 초록의 세 가지 색으로 칠하는 문제도 있다. 다리로 연결된 섬의 목록을 보고 모든 섬을 한 번씩만 방문하는 여행 경로를 찾아내는 문제도 마찬가지다. 이런 문제들을 풀 때 알고리즘을 이용하면 가능한 모든 경우의 직접 대입보다 조금은 낫겠지만, 어떤 알고리즘도 확실하게 성능이 좋다고는 말하기 어렵다. 지금까지 알려진 모든 알고리즘에서는 문제의 크기가 커지면 계산 시간이 지수적으로 증가한다.

앞서 언급한 세 가지 문제에는 흥미로운 점이 있다. 이 세 가지는 기본적으로 동일한 문제다. 한 문제에 효과적 알고리즘이 존재한다면 다른 문제에도 마찬가지로 존재한다. 토론토대학 스티븐 쿡(Stephen A. Cook), 캘리포니아주립대학 버클리 캠퍼스 리처드 카프(Richard Karp), 지금은 보스턴대학에 있는 레오니드 레빈(Leonid Levin)은 NP-완전성(NP-completeness) 이론을 연구하던 1970년대에 이 주목할 만한 결론을 이끌어냈다. NP는 '비결정적 다항식 시간(nondeterministic polynomial time)'을 뜻한다. 하지만 이 말의 의미를 이해하려고 애쓸 필요는 없다. 기본적으로 NP 문제는 답을 구하는 것이 아무리 어렵더라도 일단 답이 구해지면 그 답이 맞는지 아닌지를 다항식 시간(n^2처럼) 이내에 확인할 수 있는 문제다. 예를 들면 몇천 개의 섬과 다리가 그려진 지도에서 각각의 섬을 한 번만 방문하는 경로를 찾아내려면 몇 년이 걸릴 수도 있다. 하지만 누군가 경로가 그려진 지도를 보여주면 그 경로가 맞는지 아닌지는 금방 확인할 수 있다. 이런 성질을 가진 문제가 NP 문제다. NP 문제는 현실에서 아주 중요하게 쓰인다. 모든 P 문제가 NP 문제라고 해보자. 달리 말해 P가 NP의 부분집합이라고 하자. 그랬을 때 어떤 문제를 금방 풀 수 있다면 검산도 금방 할 수 있게 된다.

NP-완전 문제는 기본적으로 NP 문제 중에서도 가장 어려운 문제다. 이 문제에는 쿡, 카프, 레빈이 찾아낸 특성이 있다. 만약 NP-완전 문제 가운데 어떤 것에 대한 효과적 알고리즘이라도 찾아낸다면 이 알고리즘을 다른 모든 NP 문제에 적용할 수 있다.

NP-완전 문제를 푸는 효과적 알고리즘이 존재한다면 컴퓨터공학자들이 지금껏 해온 P, NP, NP-완전 문제라는 구분은 완전히 틀린 셈이 된다. 그렇게

양자 컴퓨팅의 기본 원리

물리학자들은 양자역학의 특징을 이용해서 특정한 연산에서 기존의 컴퓨터보다 훨씬 뛰어난 성능을 보이는 양자 컴퓨터를 만들어내려고 노력 중이다.

1. 양자 컴퓨터의 기본적 특징은 비트가 아니라 큐비트를 이용하는 데 있다. 전자와 같은 입자가 큐비트가 되며, '스핀업'(파란색)이 1, '스핀다운'(빨간색)이 0을 가리킨다. 양자 상태의 중첩에 의해서 동시에 '스핀업'과 '스핀다운' 상태가 가능하다(노란색).
2. 중첩 상태에 있는 입자 몇 개만으로도 엄청난 양의 정보를 표현할 수 있다. 단 1,000개의 입자가 중첩 상태에 있으면 1부터 $2^{1,000}$(대략 10^{300})까지의 모든 숫자가 표현되며, 양자 컴퓨터는 레이저 펄스를 각각의 입자에 가하는 것과 같은 방법을 이용해서 이 모든 숫자를 동시에 다룰 수 있다.
3. 연산이 끝난 뒤 입자의 상태를 관측하면 10^{300}개의 상태 가운데 한 가지만 남는다. 입자를 적절하게 조작한다면 인수분해 같은 특정한 형태의 문제를 아주 빠르게 풀 수 있다.

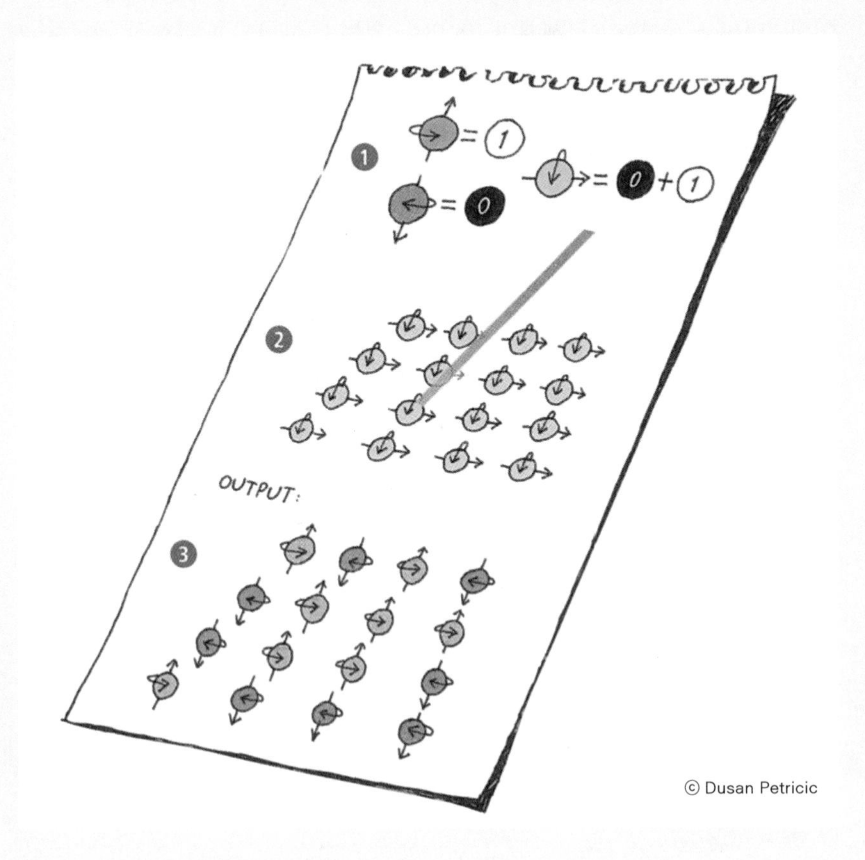

되면 모든 NP 문제(모든 NP-완전 문제를 포함해서)가 실은 P 문제였다는 뜻이 되기 때문이다. 달리 표현하면 P 문제=NP 문제라는 뜻이다.

그런 알고리즘이 존재할까? P와 NP는 같은 것일까? 이 질문은 매사추세츠주 케임브리지 클레이수학연구소(Clay Math Institute)에서 100만 달러 상금을 내걸 정도로 100만 달러짜리 가치가 있는 질문일뿐더러 〈심슨가족(The Simpsons)〉, 〈퓨쳐라마(Futurama)〉, 〈넘버스(NUMB3RS)〉 등 적어도 3개의 TV 드라마에 소재로 등장했다.

이 문제가 제기되고 반세기가 지났지만 NP-완전 문제를 풀 효과적 알고리즘을 만들어낸 사람은 아무도 없다. 때문에 오늘날 컴퓨터 과학자들은 왜 그런지는 정확히 모르고 증명도 하지 못하면서도 대부분 P와 NP가 같지 않다고 생각한다.

양자 컴퓨터의 놀라운 능력

만약 P≠NP라고 한다면, NP-완전 문제를 다항식 시간 내에 풀 수 있는 유일한 방법이 한 가지만 남는다. 바로 '컴퓨터'를 이용하는 것이다. 처음엔 양자역학이 이를 가능하게 해줄 것으로 여겼다. 양자역학을 이용하면 상대적으로 적은 수의 입자를 이용해서도 엄청난 양의 정보를 저장하고 다룰 수 있다. 1,000개의 입자가 있는데 각 입자의 상태는 스핀업 또는 스핀다운이라고 해보자. 이 문제에 관해서만 보자면 입자의 상태가 위로 스핀하건 아래로 스핀하건 관계가 없다. 중요한 것은 각 입자가 관측되었을 때 두 가지 상태 가운데 하나라는 점이다.

입자들의 양자 상태를 표현하려면 모든 입자에 상태를 나타내는 숫자가 있어야 한다. 이 숫자는 진폭(amplitude)이라 불리며 각각의 상태가 관측될 확률과 관계가 있지만 일반적 확률과는 달리 양자 진폭(quantum amplitude)은 양과 음의 값을 모두 가질 수 있다(이 값들은 사실 복소수이다). 예를 들면 1,000개의 입자가 모두 한 방향으로 스핀하는 경우와, 처음 관측하는 500개는 위, 나중 500개는 아래 방향으로 스핀하는 경우 진폭의 값이 다르다. 가능한 모든 스핀의 경우를 표시하려면 $2^{1,000}$개 또는 10^{300}개 숫자의 조합이 있어야 하는데, 이 정도면 관측 가능한 우주에 있는 모든 원자의 수보다도 많다. 이런 상태를 기술적으로는 1,000개의 입자가 10^{300}개의 상태에서 중첩되어 있다고 표현한다.

쉽게 이야기하면 10^{300}개의 숫자를 1,000개의 입자에 저장할 수 있다는 뜻이다. 레이저나 전파를 이용하는 방법으로 이 입자를 적절하게 다루면 각각이 해(解)가 될 수 있는 10^{300}개의 숫자를 동시에 처리하는 알고리즘을 수행할 수 있다. 그러고 나서 각각의 양자 상태를 정확하게 읽어낼 수 있다면 마술 같은 컴퓨터가 되는 것이다. 어떤 문제에 10^{300}개의 값을 대입해보고 맞는 값을 찾아내면 된다.

물론 일이 이렇게 쉽게 펼쳐질 리는 없다(최종 상태를 알려면 관측을 해야 하므로). 입자가 관측될 때 양자역학의 원리에 따라 10^{300}가지 가능성 가운데 한 가지 상태만 남고 나머지는 사라진다. (해거가 개발한 바지를 떠올려본다면 정장과 캐주얼 가운데 한 가지만 선택이 가능하고 동시에 두 가지를 모두 입는 것은 불가능하다.) 이래서는 일반적인 컴퓨터를 이용해 한 가지 값을 대입하는 것보다 나아 보이지 않는다. 두 경우 모두 결국 한 가지 값에 대해 이 값이 답인지 아닌지 알아볼 수 있을 뿐이다.

다행히 몇 가지 기법을 이용함으로써 양자 입자의 장점을 활용할 수 있다. 진폭이 양인 것과 음인 것이 서로 상쇄되는 현상을 상쇄간섭(destructive interference)이라고 한다. 양자 컴퓨터 알고리즘을 잘 설계하면, 오답을 이런 식으로 제거할 수 있다. 또한 정답은 모든 진폭이 같은 부호를 갖도록 하므로 보강간섭(constructive interference)을 일으켜서 입자가 관측될 확률을 높여준다.

간섭을 이런 식으로 조절해서 고전적인 방법으로 하는 것보다 더 빨리 문제를 풀 수 있을까?

1994년, 지금은 매사추세츠공과대학에 재직 중인 피터 쇼어가 실질적 문제를 기존보다 훨씬 빠르게 풀 수 있는 양자 알고리즘을 처음으로 선보였다. 특히 쇼어는 n^2에 비례하는 단계를 거쳐 양자 컴퓨터로 n-자리 수의 인수를 다항식 시간 안에 구하는 방법을 만들어냈다. 앞서 언급했듯이 여태껏 인수를 구하는 방법은 숫자의 자리수가 늘어남에 따라 지수적으로 증가했다.

블랙박스

이제 적어도 인수분해에 대해서는 양자적 기법을 이용함으로써 고전적 알고리즘을 이용하는 방법에 비해 지수적으로 시간을 단축할 수 있게 되었다. 널리 퍼져 있는 오해와는 반대로 인수를 구하는 문제는 완벽하게 해결된 것도 아니고, NP-완전 문제도 아니다. 쇼어는 이 알고리즘을 만들고자 합성수의 특정한 수학적 특성과 더불어 양자 컴퓨터에서 잘 활용할 수 있는 상쇄간섭을 이용했다. NP-완전 문제는 이런 특성을 갖지 않은 것으로 보인다. 아직까지, 문제를 푸는 시간을 지수적 수준에서 다항식 시간으로 바꾸는 양자 알고리즘은 몇 가지밖에 만들이지지 않고 있다.

그러므로 "NP-완전 문제를 푸는 효과적 양자 알고리즘이 존재할까?"라는 질문에 대한 답은 아직도 발견되지 않은 셈이다. 많은 노력을 해왔으나 그런 알고리즘은 아직 찾아내지 못했다. 사실 놀랄 일도 아니지만 컴퓨터 과학자들은 그런 알고리즘이 존재하지 않는다는 사실 또한 입증하지 못했다. 따지고 보면 NP-완전 문제를 다항식 시간 내에 푸는 고전적인 알고리즘이 존재하지 않는다는 사실도 입증하지 못하고 있다.

확실한 것은 NP-완전 문제를 푸는 양자 알고리즘은 쇼어의 알고리즘처럼 문제의 구조를 잘 이용해야 한다는 것이다. 하지만 오늘날의 일반적 기법으로는 이에 대한 접근이 어렵다. 문제를 지수적인 수의 답을 대입해보는 '블랙박스'로 간주하고 이를 병렬처리하는 식으로는 지수적 수준에서 다항식 시간 수준으로 문제 풀이 시간을 단축할 수 없다. 그래도 이렇게 하면 시간이 단축되기는 하고, 컴퓨터 과학자들은 이런 방법의 효과와 한계를 파악하고 있다. 문제 해결 시간을 단축시키는 알고리즘은 양자 컴퓨터 알고리즘 연구에서 두 번째로 주목을 받는 분야가 되었다.

블랙박스 방법이란 주어진 문제의 답이 될 만한 것을 하나씩 넣어보면서 맞는지 맞지 않는지 확인하는 것이다.* 답이 될 가능성이 있는 후보가 S개 있고, S는 문제가 복잡해지면 지수적으로 증가한다고 해보자. 운이 좋으면 첫 번째 시도에서 답을 찾을 수도 있지만, 반대로 아주 운이 나쁘면 S번째에서야 찾을 수 있고, 평균적으로는 $\frac{S}{2}$번을 시도해보아야 한다.

*비밀번호를 하나씩 넣어보면서 찾는 것이 좋은 예.

이제 양자 중첩을 이용해서 답을 찾는 경우를 보자. 1996년 벨연구소 로브 그로버는 $\sqrt{S}$번 만에 답을 찾는 알고리즘을 만들어냈다. 평균적인 시도 횟수가 $\frac{S}{2}$에서 $\sqrt{S}$로 줄어들면 몇 가지 경우에는 아주 유용하다. 가능한 답이 100만 가지라면 50만 번이 아니라 1,000번 만에 답을 찾을 수 있기 때문이다. 그러나 제곱근은 지수적 시간을 다항식 시간으로 바꿔주지는 않는다. 그저 여전히 지수적이지만 크기가 좀 줄어드는 것뿐이다. 어쨌거나 그로버의 알고리즘은 이처럼 블랙박스식 검색 문제에 효과적이다. 1994년에는 모든 블랙박스 양자 알고리즘에는 적어도 $\sqrt{S}$번의 시도가 필요하다는 것이 밝혀졌다.

지난 10여 년간, 목록을 검색하는 형태의 문제뿐 아니라 투표 결과를 확인하는 문제, 지도에서 최단 경로를 찾는 문제, 체스나 바둑 등의 문제에서도 비슷한 속도 향상이 가능하다는 것이 입증되었다. 특히 중대한 난관은 이른바 충돌(collision) 문제로, 긴 목록에서 동일한, 혹은 서로 '충돌하는' 두 항목을 찾아내는 것이다. 이 문제를 푸는 효과적 양자 알고리즘이 있다면 양자 컴퓨터 때문에 전자상거래의 보안 기능은 무용지물이 되고 만다.

목록을 검색하는 것이 짚더미에서 바늘을 찾는 일과 마찬가지라면, 목록에서 동일한 두 항목을 찾아내는 일은 짚더미에서 똑같은 지푸라기 두 개를 찾는 일과 같고, 이는 양자 컴퓨터에 적합한 문제라고 할 수 있다. 그렇지만 필자는 2002년, 블랙박스 문제에서 양자 알고리즘을 이용해 충돌 문제를 풀려면 지수적 시간이 필요하다는 사실을 입증한 바 있다.

그러나 이처럼 블랙박스 문제에서 한계에 부딪쳤다는 이유로 효과적 양자 알고리즘이 NP-완전 문제나 혹은 더 어려운 문제에 적합하지 않다고 볼 수는 없다. 그런 알고리즘이 존재한다면 동일한 문제에 대한 고전적 알고리즘이 그랬듯이 문제의 구조를 지금껏 우리가 생각지 못했던 방식으로 이용해야 할 것이다. 양자 컴퓨터가 마법처럼 모든 문제를 풀어주지는 않는다. 이런 직관을 바탕으로 많은 컴퓨터 과학자들은 P≠NP이고, 양자 컴퓨터가 NP-완전 문제를 다항식 시간 내에 풀 수 없으리라 여긴다.

마술 같은 이론

양자 컴퓨터가 물리법칙의 한계에 다다른 가장 일반적 형태의 컴퓨터라는 사실은 누구나 동의할 것이다. 그러나 아직 물리학자들이 완벽한 이론을 완성하지는 못했으므로, 먼 훗날 NP-완전 문제가 손쉽게 풀리는 새로운 방법이 나타나지 말라는 법도 없다. 사람들은 더욱 강력한 컴퓨터를 꿈꾸며, 이 중 일부는 양자 컴퓨터가 자동판매기만큼이나 상상력이 없는 물건으로 보이게 만든다. 이 새로운 개념의 컴퓨터들은 모두 물리법칙의 변화를 전제로 한다.

양자역학의 핵심적 특징 가운데 하나는 선형성(linearity)이라는 수학적 특성이다. 1998년 매사추세츠공과대학 대니얼 아브람스(Daniel S. Abrams)와 세스 로이드는 양자역학 방정식에 작은 비선형 항이 더해지면 양자 컴퓨터가 NP-완전 문제를 효과적으로 풀 수 있으리란 사실을 보여주었다. 하지만 흥분하기에는 이르다. 만약 그런 비선형 항이 존재한다면 하이젠베르크의 불확정성의 원리도* 뛰어넘을 수 있고, 빛의 속도보다 빠르게 신호를 보낼 수 있게 된다. 아브람스와 로이드 스스로도 지적했듯이, 이들의 연구 결과는 왜 양자역학이 선형인지를 설명하는 것으로 보아야 한다.

*입자의 위치와 운동량을 동시에 정확하게 알 수 없다는 원리.

그 밖에도 유한한 시간 내에 무한한 횟수의 연산을 하는 상상의 기계가 있다. 안타깝게도 현재 물리학자들이 이해하기로는 시간은 최소치가 10~43초(플랑크 시간)인 양자적 출렁임으로 이루어져 있기 때문에(연속되지 않는다는 뜻) 이런 기계는 불가능할 것으로 보인다.

시간을 임의의 크기로 나눌 수 없다면, NP-완전 문제를 푸는 또 다른 방법은 시간 여행을 하는 것이다. 여기서의 시간 여행은 타임머신이 아니라 물리학자들이 말하는 '닫힌 시간 곡선(Closed Timelike Curve, 이하 CTC)'에 관한 것이다. 간단히 말해 CTC는 물질이나 에너지가 공간과 시간을 가로질러 자신의 과거로 돌아가는 닫힌 경로다. 현재의 물리학으로는 CTC가 존재할 수 있는지 없는지 결론 내리지 못하지만, 만약 존재한다면 이것이 컴퓨터과학에 미칠 결과가 무엇일지 지속적으로 궁금해질 수밖에 없다.

5-4

CTC를 이용해서 계산 속도를 증가시키는 방법은 명확하다. 문제를 푸는 데 시간이 얼마나 걸리건 그 프로그램을 필요한 시간 바로 이전으로 보내버리면 된다. 물론 과거로 돌아가서 자신의 할아버지를 죽이는(그러면 내가 태어나지 않았고 따라서 과거로 돌아갈 수도 없다, 할아버지는 손자가 없어야 하는데 내가 태어나 있다 등) '할아버지 패러독스(grandfather paradox)'에 위배되기 때문에 이런 단순한 생각대로 되지는 않는다. 게다가 미래에서 온 결과를 받아 들고 컴퓨터를 꺼버린다면?

1991년 옥스포드대학 물리학자 데이비드 도이치(David Deutsch)가 CTC를 이용해 이런 문제를 피하면서 문제를 푸는 방식을 제안했다. 이 방법에 따르면 CTC를 따라 일어나는 사건은 자연에 의해 유지되기 때문에 역설적 사건은 일어나지 않는다. 그러므로 CTC를 따라 움직이는 컴퓨터 프로그램에 이용되는 사실을 통해 어려운 문제도 풀 수 있다.

CTC를 이용하면 NP 문제뿐 아니라 이보다 훨씬 더 큰 PSPACE 문제도 풀 수 있다. PSPACE는 통상적 컴퓨터 이용 시 메모리는 다항식 크기로, 시간은 지수적으로 필요한 문제를 가리킨다. CTC에서는 연산을 위해서 시간과 공간을 맞바꿀 수 있다. (지금까지 다항식 메모리 용량 조건에 대한 언급이 없었던 이유는, P와 NP 문제 모두 컴퓨터가 다항식 메모리 용량 조건을 초과하든 안 하든 차이가 없기 때문이다.) 최근 나는 캐나다 온타리오주 워털루대학 존 워트러스(John Watrous)와 함께 CTC에서 양자 컴퓨터를 이용해도 PSPACE 문제를 효과적으로 풀 수 없다는 사실을 제시했다. 달리 표현하면, CTC가 존재한다면 양자 컴퓨터가 고전적 컴퓨터보다 나을 게 없다는 뜻이다.

마법의 돌 크립토나이트

이런 가상 이론이 미래에 가능할지 물리학자들도 알 길이 없다. 그러나 무지를 안타까워하기보다 다른 각도에서 바라보는 방법도 있다. 물리법칙에 기반해 이것이 계산이라는 측면에서 무엇을 암시하는지 생각하기보다는, NP-완전 문제가 어렵다는 것을 인정하고 그것이 물리학적 가정에 어떤 결과를 가져올지 생각해보는 것이다. 예를 들어 CTC가 NP-완전 문제를 효과적으로 풀게 해준다면, 반대로 NP-완전 문제는 풀기 어려우므로 CTC가 존재하지 않는다는 결론을 이끌어낼 수 있다.

물론 이런 접근이 지나치게 독단적으로 보일 수도 있다. 그러나 나는 이를 초기에는 기술적인 면의 한계로 간주되었지만 시간이 흐름에 따라 물리학 법칙으로 자리 잡은 '열역학 제2법칙'이나 '빛의 속도보다 빠르게 정보를 전달할 수 없다'는 이론과 별다르지 않은 것으로 느낀다. 열역학 제2법칙이 미래에는 틀린 것으로 드러날지 몰라도 그렇게 되기 전까지 물리학자들로서는 이 법칙이 맞다고 가정하는 편이, 자동차 엔진에서 블랙홀에 이르는 모든 분야에서 훨씬 유용할 것이다. NP-완전 문제의 어려움도 언젠가는 같은 길을 가지 않을까 생각한다. 언젠가는 이 문제도 우주의 본질적 특성을 설명하는 법칙 가운데 하나로 자리 잡지 않을까 싶다. 이론적으로 무엇인가 밝혀질지, 그 결과 실질적으로 어떤 일이 벌어질지 예상할 방법은 없다.

5-4

그때까지는 양자 컴퓨터에 마술을 기대해서는 곤란하다. 양자 컴퓨터의 명백한 한계를 지적하는 이들도 있다. 하지만 그런 한계를 조금은 낙관적으로 바라볼 수도 있다. 특정한 암호는 양자 컴퓨터로 쉽게 풀 수 있게 되겠지만 여전히 양자 컴퓨터로도 풀기 어려운 암호가 존재한다. 동시에 양자 컴퓨터가 언젠가는 현실이 되리라는 확신도 커진다. 새로운 기술이 공상과학소설에나 나올 법한 것일수록 사람들은 회의적일 수밖에 없다. (양자 컴퓨터에 대해 긍정적인 독자라면 무한한 에너지를 공급하며 동작하는 양자 진공청소기와 작년 모델보다 효율이 좋아진 냉장고 중 어느 쪽이 더 그럴듯하게 들리는가?) 마지막으로, 이런 한계들 덕분에 컴퓨터 과학자들이 새로운 양자 알고리즘을 만들어내려는 노력을 계속한다는 점을 지적하고 싶다. 아킬레스건을 상실한 아킬레스나 크립토나이트(kryptonite)가* 없는 슈퍼맨처럼 제약 조건이 없는 컴퓨터는 지루하기 짝이 없는 물건에 불과할 것이다.

*슈퍼맨이 힘을 발휘하지 못하게끔 하는 광석.

출처

1 Faster, Smarter, Cheaper

1-1 Editors, "The Next 20 Years of Microchips", *Scientific American* 302(1), 82~89. (January 2010)

1-2 Thomas Sterling, "How to Build a Hypercomputer", *Scientific American* 285(1), 38~45. (July 2001)

1-3 William W. Hargrove, Forrest M. Hoffman, and Thomas Sterling, "The Do-It-Yourself Supercomputer", *Scientific American* 285(2), 72~75. (August 2001)

1-4 Ian Foster, "The Grid : Computing without Bounds", *Scientific American* 288(4), 78~85. (April 2003)

2 Thinking Machines: Ways of Being

2-1 Marvin L. Minsky, "Artificial Intelligence", *Scientific American* 215(3), 246~260. (September 1966)

2-2 Christof Koch and Giulio Tononi, "A Test for Consciousness", *Scientific American* 304(6), 44~47. (June 2011)

2-3 Yvonne Raley, "Electric Thoughts", *Scientific American* 17, 76~81. (April/May 2006)

2-4 Larry Greenemeier, "Machine Self-Awareness", *Scientific American* 302(6), 44~45. (June 2010)

2-5 Yaser S. Abu-Mostafa, "Machines that Think for Themselves", *Scientific American* 307(1), 78~81. (July 2012)

3 Beyond Silicon

3-1 Christopher Mims, "A Chip that Thinks Like a Brain", *Scientific American* 305(6), 43. (December 2011)

3-2 Neil Gershenfeld and Isaac L. Chuang, "Quantum Computing with Molecules", *Scientific American* 278(6) 66~71. (June 1998)

3-3 Yaser S. Abu-Mostafa and Demetri Psaltis, "Optical Neural Computers", *Scientific American* 256(3), 88~95. (March 1987)

4 We, Robot

4-1 Ross D. King, "Rise of the Robo Scientists", *Scientific American* 304(1), 72~77. (January 2011)

4-2 Robert Epstein, "My Date with a Robot", *Scientific American Mind*, 17, 68~73. (June/July 2006)

4-3 Michael Anderson and Susan Leigh Anderson, "Robot Be Good", *Scientific American* 303(4), 72~77. (October 2010)

4-4 Joshua K. Hartshorne, "Where Are the Talking Robots?", *Scientific American Mind* 22, 44~51. (March/April 2011)

5 The Hard Problems

5-1 Gary Stix, "The Elusive Goal of Machine Translation", *Scientific American* 294(3), 92~95. (March 2006)

5-2 Feng-hsiung Hsu, Thomas Anantharaman, Murray Campbell, and Andreas Nowatzyk, "A Grandmaster Chess Machine", *Scientific American* 263(4), 44~50. (October 1990)

5-3 David Weinberger, "The Machine that Would Predict the Future", *Scientific American* 305(6), 52~57. (December 2011)

5-4 Scott Aaronson, "The Limits of Quantum Computers", *Scientific American* 298(3), 62~69. (March 2008)

저자 소개

게리 스틱스 Gary Stix, 《사이언티픽 아메리칸》 기자

닐 거센펠트 Neil Gershenfeld, MIT 교수

데미트리 프살티스 Demetri Psaltis, 스위스 EPFL 교수

데이비드 바인베르거 David Weinberger, 하버드대학교 버크만센터 연구원

래리 그리너마이어 Larry Greenemeier, 《사이언티픽 아메리칸》 기자

로버트 엡스타인 Robert Epstein, 과학 전문 기자

로스 킹 Ross D. King, 맨체스터대학교 교수

마빈 민스키 Marvin L. Minsky, MIT 인공지능연구소 설립자, 미국학술원 회원

마이클 앤더슨 Michael Anderson, 케임브리지대학교 교수

머리 캠벨 Murray Campbell, IBM 토마스왓슨연구센터 연구원

수전 리 앤더슨 Susan Leigh Anderson, 코네티컷대학교 교수

쉬펑슝 許峰雄, 마이크로소프트사 아시아연구소 연구원

스캇 아론슨 Scott Aaronson, 텍사스대학교 교수

아이작 추앙 Isaac L. Chuang, MIT 교수

안드레아스 노와치크 Andreas Nowatzyk, 카네기멜론대학교 교수

야세르 아부-모스타파 Yaser S. Abu-Mostafa, 캘리포니아공과대학교 교수

윌리엄 하그로브 William W. Hargrove, 오크리지국립연구소 연구원

이본느 레일리 Yvonne Raley, 펠리칸대학교 교수

이안 포스터 Ian Foster, 시카고대학교 교수

조슈아 하트숀 Joshua K. Hartshorne, 보스턴대학교 교수

줄리오 토노니 Giulio Tononi, 위스콘신대학교 교수

크리스토퍼 밈스 Christopher Mims, 《월스트리트저널》 기자, 과학 저술가

크리스토프 코흐 Christof Koch, 앨런뇌과학연구소 소장

토머스 스털링 Thomas Sterling, 인디애나대학교 교수

토머스 아난다라만 Thomas Anantharaman, 바이오나노 Inc. 연구원

포레스트 호프만 Forrest M. Hoffman, 오크리지국립연구소 연구원

옮긴이_김일선

서울대학교 공과대학 제어계측공학과를 졸업하고 같은 학교 대학원에서 석사와 박사학위를 받았다. 삼성전자, 노키아, 이데토, 시냅틱스 등 IT 분야의 글로벌 기업에서 R&D 및 기획 업무를 했으며 현재는 IT 분야의 컨설팅과 전문 번역 및 저작 활동을 하고 있다.

한림SA **05**

컴퓨터가
인간을 넘어설 수 있을까?

인공지능

2016년 9월 5일 1판 1쇄
2019년 8월 1일 1판 3쇄

엮은이 사이언티픽 아메리칸 편집부
옮긴이 김일선

펴낸이 임상백
기획 류형식
편집 박선미
제작 이호철
독자감동 이명천, 장재혁, 윤재영
경영지원 남재연

ISBN 978-89-7094-881-2 (03560)
ISBN 978-89-7094-894-2 (세트)

펴낸곳 한림출판사 | 주소 (03190) 서울시 종로구 종로12길 15
등록 1963년 1월 18일 제 300-1963-1호
전화 02-735-7551~4 | 전송 02-730-5149 | 전자우편 info@hollym.co.kr
홈페이지 hollym.co.kr | 블로그 blog.naver.com/hollympub
페이스북 facebook.com/hollymbook | 인스타그램 @hollymbook

표지 제목은 아모레퍼시픽의 아리따글꼴을 사용하여 디자인되었습니다.